어머니! 좋은 물 마시고 있나요?

어머니! 좋은 물 마시고 있나요?

마쯔시따 松下和弘 나까무라 中村 徹 공저

조태동 옮김

수문출판사

한국어판에 즈음하여…

우리 어른들이 먼저 해야 할 책임은 무엇일까요?

그것은 산모가 잉태한 태아를 건강하게 출생시키는 것이라고 생각합니다. 그런데 현대의 젊은 여성들은 식품에 첨가된 색소나 합성향료, 청량음료수 등을 많이 섭취해서, 뱃속의 태아가 자라고 있는 무엇보다도 중요한 양수가 오염되어 건강하게 태어나야할 아기들이 점점 줄어들고 있습니다.

저와 나까무라(中村 徹) 박사는 산모들이 건강한 아기를 출산하기 위해서는 좋은 물을 마셔야 한다고 염원하면서, 1996년에 「어머니! 좋은 물 마시고 있나요?」라는 책을 출간하였습니다.

한국에서 자연환경 보존과 허브·아로마를 통하여 미용과 건강을 연구하시는 국립 강릉대학교의 조태동 박사로부터 이 책을 한국어로 출판하자고 제의를 받았습니다. 조박사의 노력으로 한국의 어머니나 젊은 여성들이 물의 중요성을 절감한다면 무엇보다 큰 기쁨이라고 생각합니다.

여성은 그 민족의 어린이와 종의 보전에 책임을 맡고 있습니다.

마신 물은 1분 이내에 난소와 자궁에 도달하며, 만약 임신중이라면 바로 태아에게 전달됩니다. 20세기 후반부터 우리사회를 긴장시키는 어린이들의 아토피성 피부염은 산모의 양수 오염이 그 주원인이라고 합니다.

　피부가 거칠다거나 손상된다고 하는 것은 혈액의 오염이 그 원인입니다. 혈액은 건강의 근원입니다. 이 혈액의 82퍼센트는 물이므로, 좋은 물은 건강의 근원이라고 말할 수 있습니다.

　피부는 혈액이나 내장의 상태를 반증하는 거울과 같으므로 혈액을 오염시키는 물이나 술, 음식물은 반드시 구별하는 지식을 깨달아 피하도록 해야합니다.

　산모는 깨끗한 양수를 유지하며 건강해야 합니다. 건강한 몸과 깨끗한 양수를 만드는 것은 그다지 어렵지 않습니다. 매일 건강에 좋은 물을 마시고 그 물로 음식을 만들어 먹는 것입니다.

　한국에는 건강에 좋은 물이 매우 풍부합니다. 장래 한국을 이끌고 나갈 건강한 자녀로 키우기 위해서는 꼭 좋은 물을 많이 마셔야 합니다.

2003년 2월 길일
동경에서 마쯔시따 가즈히로

역자 서문

　마쯔시따(松下) 선생님을 처음 만난 것은 동경의 어느 이자까야(선술집)에서였다. 그때 가까운 우인들과 함께 자리를 하고 계셨는데, 자그맣고 보기 좋은 체구에 얼굴이 빛나며 생기가 있었다. 술자리에서는 맥주로 시작되었는데, 건배가 끝나자 마쯔시따 선생님은 주머니에서 무엇인가 뒤적이더니 검은 단추 같은 것을 꺼내어 자리한 우리들에게 한 개씩 나눠준다. 동석한 일행은 그 순서를 알고 있듯이 태연히 받아 맥주잔에 떨어뜨려 넣었다. 의아해 하고있는 나에게 웃으며 자석이라며 맥주에 넣고 마셔보면 맛이 변할거라고 하였다.

　이 책을 번역하게 된 동기는 거기서부터 시작이 된다. 마쯔시따 선생님은 일본과 세계에서 인정하는 최고의 먹는 물 권위자임을 그 때에 알았고, 우리몸에 좋은 물과 술에 자석을 넣으면 술맛이 맛있게 변하는 등 그 자리는 물에 대한 얘기로 꽃을 피웠다. 그리고 헤어지는 길에 마쯔시따 선생님으로부터 책을 하나 선물로 받았는데, 직역해 보면 「어머니, 좋은 물 마시고 있나요?」였다.

한국에 돌아오는 비행기 안에서 무심코 책장을 넘기다가 신비한 여체의 비밀에 빠져들듯 눈을 뗄 수 없이 끝까지 읽어나갔다. 그 후 나는 생활 전부가 바뀌어 졌다.

그 동안 나는 은근히 물에 대하여 어느 정도의 지식이 있다고 생각하고 있었는데, 책을 읽어가면서 그것은 커다란 착각이었음을 깨달았다. 내용 중에는 산모의 양수는 100%가 물이며 좋은 물과 나쁜 물에 따라서 양수가 오염이 되거나 안 된다는 것, 물에 따라 모유의 질이 결정된다는 것, 산모가 마신 물에 따라 아기가 건강하게 성장하거나 아토피성 또는 알레르기 체질이 결정된다는 것, 또 수도물이나 즐겨 마시던 청량음료의 실체, 더욱이 놀란 것은 지금까지 완전 식품으로만 알고 있었던 우유에 대한 실상과, 건강해 지려면 우유를 물처럼 마시라고 했던 나의 상식이 얼마나 무지했는지 (그래서 가정에서도 강요했지만), 자칫하면 언어능력의 저하나 알레르기 체질로 만들 수도 있다는 엄청난 사실에 충격을 받았다.

그나마 이 책을 통하여 그러한 사실을 알아서 참으로 다행스럽게 생각한다.

나는 이 책을 번역하면서 나의 삶이 변화되었다. 지금까지는 먼 곳에서 생수를 길어 오거나 시중에서 판매하는 미네랄워터를 고집했지만 이 책을 읽으며 곧바로 좋은 정수기(맛이 있으며 오염물질이 제거되고 미네랄이 살아있는)를 들여놨다는 것과, 하루에 가능한 2리터 이상의 물을 섭취하고자 노력하는 것, 또 딸아이에게 억지로 마시게 했던 우유를 이제는 반드시 저온 살균한 우유로 하루 200ml 이상은 먹이지 않는다는 것이다.

이 책을 번역하며 마음깊이 감사 드리는 분들이 있다. 파스퇴르우유의 창업자이신 최명재할아버지다. 1995년 유학을 마치고 귀국해 보니 신문지상에서는 유가공업체와 최명재할아버지와의 사이에 우유에 대한 격렬한 논쟁이 벌어지고 있었다. 당시에는 별 관심이 없었고, 다만 유가공업체를 상대로 혼자서 이렇게 힘겹게 싸우시는 분이 대단하다고 생각했다. 그 후 오랜 세월이 흘러 이 책을 번역하면서 최명재할아버지는 우리 국민의 건강을 위해 얼마나 애쓰셨으며 사랑했는가를 알게 되었다. 정말로 머리 숙여 깊이 감사 드린다. 또 감사하는 분들이 있다. 유기농법으로 농사지으며, 재배하는 농민들이다. 농약을 뿌리고 비료를 주면 간단히 해결할 것이고 수월할 텐데 퇴비와 무농약으로 쌀과 야채와 과수를 재배하는 분들이 있다. 얼마나 힘겨울 것인가. 그 사람들이야 말로 진정한 나라사랑, 국민사랑을 실천하는 분들이 아닌가.

이 책을 읽으면서 나는 생각하는 것, 생활하는 것, 모든 것이 바뀌었다. 그리고 이러한 건강한 삶을 혼자 영위할 수는 없다고 생각하여 마쯔시따 선생님께 번역에 관한 허락를 받아 이 책을 출판하기에 이르렀다.

올해는 유엔에서 정한 '세계 물의 해'이다. 물은 모든 생명의 근원을 이루고 있다. 그런데 그 물이 점점 심각하게 오염되고 있는 것이다. 가장 큰 원인은 우리가 생활하며 버리고 있는 생활하수이다. 생활하수는 강으로, 바다로 흘러 들어가고 우리는 그 물을 마시기 위하여 정수하고, 정수하는 과정에 독극물인 염소를 넣는다. 그리고 이것은 우리 가정으로 배달되며 그 물을 마신 산모나 아기들은 아토피성 피부염이나 알레르기 원인의 일부가 되는 것이다.

최근에는 이름 모를 이상한 병들이 만연하고 있다. 그런데 이러한 것들은 오염되지 않은 좋은 물과 공기, 쌀과 야채, 과일 등을 마시고 먹으면 어느정도 개선이 되고 있다는 것이 검증 되고 있으며, 매스컴을 통해 수차

례 발표되기도 하였다.

대한민국의 여성과 남성이여, 좋은 물을 마시고, 물에 대한 지혜로움을 터득하여 건강하고 예뻐지자.

이 책을 출판하는데 있어서 원저자인 마쯔시따, 나까무라 선생님께 깊은 감사를 표하며, 마쯔시따 선생님과 자리를 마련해 주신 온다(恩田) 형과 선아에게 큰 기쁨을 전하고자 한다. 또 일생 좋은 환경을 후손들에게 남겨주고자 애쓰시는 수문출판사의 이수용선생님께 심심한 감사를 드린다.

번역하는데 있어서 밤낮으로 애써준 연구실의 주회, 원재, 성철, 정은, 승환, 현주, 정연, 석윤, 용운, 정림과 군에 입대한 정헌과 종오에게도 고마움을 전한다. 일러스트에 고심한 황선영 양과 한국 허브·아로마 연구소의 정정섭, 홍영록 정인희 연구원, 만나면 늘 반갑고 기쁜 사람들인 MBC싱글벙글쇼의 김혜영님, EBS의 김현주PD와 이정화 작가, MBC 이상인PD와 이혜진님·유은영님·김세라님과 MBC 양채철PD, 홍익대 김웅기교수님, 스포츠조선의 김호영님에게도 고마움을 표한다.

이 책의 번역과 출판에 관한 판권은 모두 위임받았다.

마쯔시다 선생님께 다시 한 번 마음 깊이 감사의 마음을 전하며 이익금을 어떻게 값지게 쓸 것인가 곰곰이 생각한 끝에 우리나라의 국립공원을 잘 보존하여 후손에게 고스

란히 물려주고자 노력하고 있는 '국립공원을 지키는 시
민의 모임'에 「마쯔시따 기금」으로 기부하고자 하였다.
마쯔시따 선생님을 비롯하여, 많은 사람들이 기뻐할거
라 생각하니 몹시 즐겁다.

2003년 7월
조태동

목차

제2장 좋은 모유, 나쁜 모유는 물이 좌우한다

서문

아기의 건강은 어머니의 따뜻한 양수에서 시작됩니다

여성의 신비한 몸 속에서 싹트는 생명의 순간, 엄마의 유전자가 아빠의 유전자를 만나, 유전자는 마치 기쁨의 왈츠를 추는 것같이 회전한다고 합니다. 정자를 받아들인 난자 속에서 전개되는 한편의 드라마! 그것은 바로 기적이라고 부르기에 걸맞은 표현입니다.

수정란이란 단지 하나의 작은 세포로, 생명의 시작은 이 작은 것에서 시작됩니다. 이 신비한 세포는 100퍼센트 가까운 물로 가득 채워진 연약한 생명의 단편이랍니다.

최초에는 하나의 세포가 2개로 나뉘는데, 다시 말하면 처음으로 세포분열을 하는 것은 수정으로부터 약 30시간 후의 일입니다. 그 후 10시간 후에 4개가 되고, 또다시 10시간이 지나 8개로 분열을 거듭하고, 8개가 16개, 16개가 32개로 과정을 반복하는 동안 점차 생명체다운 형태를 갖추게 됩니다.

이러한 모습으로 계속 변화를 거듭하여, 이윽고 인간의 태아다운 모습으로 겨우 나타나게 됩니다. 이 때 뱃

속의 아기형태를 조성하는 세포의 수는 조(兆) 단위로 헤아릴 수 없을 만큼 증가합니다. 그에 따라 수분 양의 비율도 저하합니다. 그러나 아직 아기의 체중을 차지하는 물의 비율은 90퍼센트 이상으로 놀라지 않을 수 없습니다.

자궁을 가득 채운 양수라 불리는 물 속의 아기 몸은 그 것 자체가 물주머니와 같다고 할 수 있습니다. 이러한 이야기를 듣고 당신은 어떻습니까?

하지만 그렇게 놀라지 않아도 좋습니다. 왜냐하면 아기의 몸이 물주머니와 같다는 것은 당연하기 때문입니다. 생명의 활동이란 물로 가득 채워진 속에서만 전개되니까요.

자, 이렇게 어머니의 뱃속에 있던 10개월 정도의 아기는 드디어 세상에 첫선을 보입니다. 체중 3킬로그램 전후, 세포의 수는 수조(數兆)에 이르지만 물주머니라는 것에는 변함이 없습니다.

"응아!"하고 태어난 아기를 안아보면 행여 터질 것 같이 나긋나긋합니다. 어디를 만져도 몽실몽실 부풀어 말랑말랑 합니다.

정말로 신비 그 자체입니다. 그러나 역시 수분 양의 비율은 좀 줄었지만, 막 태어난 아기의 몸은 물이 체중의 80퍼센트 정도입니다. 생명의 원 초기에는 100퍼센트에 가까웠지만 어느덧 80퍼센트 정도로 감소됐습니다.

양수라고 하는 부드러운 물 속의 세계로부터 나와 '침대'라고 하는 딱딱한 물체 위에 몸을 눕혀야 할 아기에게 있어서 수분 량의 감소는 바람직한 변화이기도 합니다. 만약 좀더 수분 비율이 높다면 아기는 '침대' 위에서 자기 몸의 형태를 유지할 수 없기 때문입니다.

그런데 여기서 궁금한 것이 있습니다.

아기가 온화하고 건강하게 자라는 것은 태어난 후에 결정될까요? 모유의 상태가 양호하고, 어머니가 열심히 보살핌에 따라 정해질까요.

그런데 아기 건강의 많은 부분은 이미 태아일 때 대부분 결정되어 있습니다. 다시 말해, 어머니 자궁의 양수 속에서 자라는 동안 아기의 기본적인 건강이 이미 결정되는 것입니다. 우리 필자(中村·松下)는 이 책에서 먼저 태아의 주변 이야기부터 시작하기로 합니다. 따라서 이는 물이 없으면 시작될 수 없는 생명의 신비를 찾아가는 이야기입니다.

1

아기를 위해 좋은 물을 마시고 있습니까?

수정 후 3일 아기는 100퍼센트에 가까운 물

먼저 <도표 1>의 그래프는 우리 몸 속에 수분이 차지하는 비율을 보여줍니다. 나이에 따라서 다르게 나타나고 있습니다. 수정 후 3일째에는 1개의 세포가 2개의 세포로 갈라지는 세포분열이 수회 (1회에 1개에서 2개로, 2회는 2개에서 4개로, 3회는 4개에서 8개로 분열되는 상태) 그 수는 30, 40개 정도가 됩니다. 그런데 수정 후 3일째의 태아는 수분비율이 거의 100퍼센트에 가까운 물이라고 합니다. 물 이외의 물질, 세포막을 조성하는 물질이나 유전자를 조성하는 DNA 등 물질의 양은

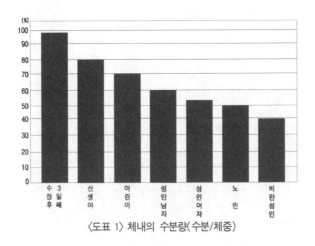

〈도표 1〉 체내의 수분량(수분/체중)

불과 3퍼센트 정도 밖에 되지 않습니다.

이 수치에는 정말 놀랄 수밖에 없습니다. 다시 한번 새삼스럽게 생명의 태동이라고 하는 불가사의한 신비에 마음이 설레 입니다.

잠깐 상상해봅시다. 작은 컵에 물이 가득 찼는데 그 양은 100cc 정도입니다. 또 이 물은 이물질이 전혀 섞이지 않는 순수한 물입니다. 따라서 이것은 그저 '물'인 H_2O라고 하는 분자가 수없이 모인 무기질인 물체입니다.

다시 말해 무기질이란 유기질에 대응하는 말로 '무엇인가의 생명력을 가지고있는' 것을 의미하는 '유기'의 반대이므로 '전혀 생명력이 없는 물질'이라는 뜻입니다.

그럼 이 무기질에 3그램 정도의 유기질, DNA나 아미노산과 미네랄류 등을 넣어봅니다. 그렇습니다, 정확히 수정 후 3일째의 '물 : 물질'과 동등한 중량의 비율로 해보는 것입니다.

그러면 어떨까요?

이제까지는 무기질뿐이었던 물 속에서 갑자기 생명활동이 전개됩니다.

아니! 물론 현실로는 그러한 일이 일어나지 않는 비

유지만, 그러나 수정 후 3일째의 태아는 그러한 상태가 되는 것입니다.

작은 컵에 가득 채워진 물에 3그램 정도의 물질을 녹인, 즉 '물 그 자체'라고 밖에 말할 수 없는 액체 속에서 유기질인 DNA나 아미노산 등에 의해 생명활동이 전개되는 상태가 아주 작은 그릇 속에서 이루어지고 있는 것입니다.

물은 생명활동이 이루어지는 큰 무대

이 사실을 생각할 때 너무도 오묘한 생명의 섭리와 신비에 가슴이 숙연해집니다.

처음 컵 한 잔의 물에 3그램의 비율 물질이 300여 일이 지난 후에는 "응 아!" 하고 울음소리를 내고 이내 젖을 빨 테니, 성장하여 이 책을 읽고 있는 당신과 같이 사물을 생각하고 웃으면서 기뻐하고, 괴로워 번민하며 종래 아기를 낳아 기르는 어머니로 대 변신을 합니다.

성인이 된 당신의 몸을 만든 세포의 수는 60조 이상이며, 일설에는 100조가 넘는다고 합니다. 또 노화된 세포는 점점 없어져, 노인은 세포의 수가 30조 정도로 감소된다고 합니다. 하지만 세포 하나 하나를 보게 되면 역시 그 중량의 대부분을 차지하는 것은 물입니다.

뼈와 같이 굳은 조직은 수분비율이 저하되기 때문에 전체에서 보면 정말 '컵 한잔에 3그램의 물질'이라고 할 정도로써, "생명 활동이란 '물' 그 자체가 아닌가!"라는 것입니다. 정확하게 말해 물의 존재 없이는 생명 활동은 있을 수 없고, 물만이 생명 활동을 이루는 큰 무대임을 알 수 있습니다.

최초의 동물이나 식물도 바다에 있었다

다시 한번 상상의 세계로 들어가 봅시다. 약 50억 년 전 태양의 궤도상에 여러 개의 분자 덩어리가 생겨 그 중 태양에서 제일 가까운 작은 덩어리는, 우리 인류에 의해서 수성이라고 불리고, 그 외측에는 조금 큰 금성이라는 덩어리, 한층 더 바깥쪽에는 지구, 계속해서 화성, 목성, 고리를 가지고 있는 토성, 그리고 천왕성, 명왕성이라고 하는 덩어리가 모였습니다.

그런데 50억 년 전 옛날 탄생한 우리 보금자리가 되는 별 지구는 결코 아름답지도 않았고 사랑스러움도 느낄 수 없었습니다. 물론 생명활동의 움직임조차 없었습니다. 단지 혼돈스럽고 분간할 수 없는 무질서한 덩어리였습니다.

그것이 수억 년이란 세월을 거듭하는 중에 어느 질서

속에서 정리되어 무거운 물질은 덩어리의 중심으로 모이고, 비교적 가벼운 물질은 바깥쪽으로, 좀 더 가벼운 물질은 더욱 주변으로 정리되어 갔습니다.

그 결과 단단한 지구 표면이 되는 바위라는 물질, 그 바위 위로 흘러 다니거나, 고이기도 하는 '물'이라는 물질도 나타났습니다. 그 위 바깥을 뒤덮은 대기라는 혼합물질도 나타났습니다. 다시 말해 대지와 바다가 생기고 공기가 생겨났습니다.

지구 50억 년 역사 속에서 이것은 획기적인 사건이었습니다. 왜냐하면 이러한 '환경'이 갖춰짐으로 지구상에 생명이 탄생합니다. 최초의 생명은 틀림없이 물 속에서 태어났습니다. 그것은 세균이라고도 부를 수 없는 정도로 애매한 생명, 무기와 유기의 중간적인 존재 정도였을 것입니다.

그것이 점점 확실한 생명체로 거듭 탈피하는 중에 단세포가 아닌 다세포의 생명체를 만들어 내는 방향으로 진화됐습니다.

그러나 생명활동의 무대는 어디까지나 바다 속에 머무르는 시대가 계속 되었습니다.

여기에서 이야기하고 싶은 것은 '물이야말로 생명이다'라고 강조하고자 합니다. 아니 '해수(많은 미네랄성분을 녹인 물)가 있음으로 생명이 있는 것이다'라고 말할 수 있습니다. 바다야말로 '생명의 요람'이며 '생명의 고향'이라고.

현재 인간은 해안 가까이에 사는 것이지 바다 속에 살고 있는 것은 아닙니다. 그것은 '고향을 버린 종(동물)'이라는 것을 의미하고 있습니다. 우리들은 요람에 돌아가고 싶어도, 고향으로 돌아가고 싶어도 돌아갈 수가 없는 슬픈 생명입니다.

'슬프기' 때문에 물을 마시는 것입니다.

몸 속에 흐르는 혈액과 임파액도 미네랄워터

바다라고 하는 고향을 떠난 우리들은 그렇다고 바다를 버릴 수는 없었습니다. 생명이 있는 한 바다 없이는 역시 살 수가 없기 때문입니다.

그러면 '고향을 잃어버린 갈증을 어떻게 풀었는가' 하면, 물 마시는 것으로 목을 축여왔습니다. 물을 마시는 것에 따라 자신의 몸 속에 물을 가득 채우고, 체내에 바다의 미니추어를 계속 지키기로 한 것입니다.

여러 번 들은 적이 있는 우리 몸 속에 있는 물은 단순한 물이 아니라, 그 물은 꼭 해수와 같은 성분을 용해한 '미네랄워터'입니다.

혈관을 흐르는 혈액이라고 하는 수용액이나, 임파관을 흐르는 임파액, 세포를 채운 세포내액이라고 하는 수용액도, 세포와 세포 사이에 있는 세포외액이라고 하는 수용액 모두 미네랄워터입니다. 각각의 역할에 따라서 성분이 다르다고는 하지만 기본적으로는 해수를 닮은 성분을 토대로 한 매우 흡사한 미네랄성분을 용해해 넣은 미네랄워터입니다.

"그래? 그래서 미네랄워터는 몸에 좋을까?" 하고 성미 급한 분은 조급하게 그런 결론을 내릴지도 모릅니다. 그것은 조금 성급한 처사입니다.

확실히 맛있고, 몸에 좋은 물의 필수조건 하나는 '적당한 미네랄성분이 녹여져 있는 것'이라는 항목이 있습니다만, 그것은 본래 좋은 물인 조건의 일부 밖에 안됩니다.

우리들은 미네랄성분의 대부분을 물에 의존하지 않고 식품으로부터 제공받고 있습니다. 즉, 마신 물과 먹은 미네랄성분을 체내에서 이용되는 몫에 따라 몸 속의 해수를 만들고 있습니다.

늙는다는 것은 체내의 수분 상실

이 이야기는 필요에 따라서 서서히 하기로 합시다. 여기서 '몸 속의 바다'의 중요성에 관해서 조금 다른 측면에서 보겠습니다.

그러면 다시 한번 더 <도표 1>의 그래프로 돌아갑니다.

수정 후 3일째는 근 100퍼센트가 수분이었습니다. 그것이 "응 아!"하고 태어난 신생아에서는 80퍼센트가 되었습니다. 그 후 초등학생 어린이에게서는 70퍼센트, 성인에게서는 50, 60퍼센트가, 노인에게서는 아예 50퍼센트로 감소합니다.

이 변화가 의미하는 것을 아시겠습니까?

그렇습니다. 인간이 나이를 먹어 노인이 됨은 결국 몸의 수분을 잃는다는 것이었습니다. 아기시절에는 몽실몽실 보드라웠던 몸이, 탄력은 있지만 점차 굳어지는 것도 수분 양이 줄기 때문입니다. 어느덧 탄력을 잃고 주름 투성이 몸으로 됨은 더욱 수분 양이 줄어서입니다.

나이가 드는 것과 건강 저하는 반드시 직접관계가 있지는 않지만, 수분이 준다는 것은 신체의 모든 기능을

〈그림 1〉 연령에 따른 체내의 수분비율(수분/체중)

저하시키는 원인이라고 할 수밖에 없습니다. 좋은 예가 비만한 성인입니다. 비만이 심한 사람에게서는 수분 비율이 40퍼센트 정도로 떨어집니다. 수분을 내보내고 지방 비율이 늘어나고 있습니다.

그러한 몸, 상대적으로 수분을 내보내고 지방덩어리가 되어버린 몸이란 '몸 속의 바다'가 지방으로 걸쭉하게 되어버린 몸이라고 생각하면 됩니다. 따라서 모든 신체기능이 저하될 수밖에 없습니다. 그 결과 초래되는 동맥경화나 고혈압, 당뇨병 같은 성인병이고, 이것들은 심장질환이나 뇌혈관성질환(뇌경색 등)의 온상이 되는 것입니다.

어떻습니까? 지금 이야기만으로도 물에 대한 인식이 달라지지 않으셨습니까? 그렇다면 지금까지 아무 느낌 없이 마시는 물이, 당신의 생명과 건강의 기초가 되는 것을 아시겠지요!

나쁜 물을 마시면 양수가 오염된다

이제 중요함을 아셨다면 좀더 생각해 보시지요. 당신의 일상생활에서 어떤 형태로 무슨 물을 마시고 있습니까?

수도물을 그냥? 그것은 생각해 볼 문제입니다. 패트병

에 채워 넣은 미네랄워터? 나쁘지는 않습니다만, 그렇다고 좋지도 않습니다. 다양하게 맛을 첨가한 청량 음료수? 정확히 말해서 최악입니다.

에틸알코올과 함께 여러가지의 성분을 넣어만든 캔 음료수? 이것을 즐겨 마시는 사람은 글을 쓰는 바로 우리였습니다. 이런 물이 몸에 좋은지 나쁜지에 관해서 우리들은 깊이 생각하지도 않았습니다.

어쨌든 '가치도 없는 물'을 마시고 있었다면 '몸 속의 바다'가 오염되었다고 하는 것이 당연하겠지요. 이것은 보통 건강을 생각할 때 중요한 점입니다. 만약 당신의 몸에 새로운 또 하나의 생명=아기를 가졌다고 하면 아주 심각합니다.

아시겠지요? 거의 모두가 물과 같은 태아의 몸을 가득 채운 물은, 당신이 마신 수분이기 때문입니다. 바로 물주머니와 같은 태아의 요람인 자궁을 가득 채우는 양수, 문자 그대로 몸 속이 바다지요. 그것 또한 당신이 마신 물에 의해 이루어지고 있습니다.

물이 나쁘면 일찍 죽는다

여기서 약간 놀랄 정보를 소개합니다.

'물이 나쁜 지역에서는 장수할 수 없다' 라는 사실을 명백히 나타내고 있는 데이터입니다.

'장수할 수 있다' 란, 다시 말해 '보다 많은 사람들이 보다 건강하게 살고 있다' 는 말과 같다고 생각해도 좋습니다. 장수할 수 있다, 즉 건강하게 살 수 있는 곳에

수돗물

시판되고 있는
미네랄워터

커피   홍차

청량음료수

양수는 마시는 물로
부터 만들어지고 있다

〈그림 2〉 임신 중에 어느 종류의 물을 마시고 있습니까?

33

순위	남성	수명	여성	수명		남성	수명	여성	수명
순위	전국	76.04	전국	82.07	25	香川	76.09	山形	82.10
1	長野	77.44	오끼나와	84.47	26	三重	76.03	長岐	82.10
2	福井	76.84	島根	83.09	27	大分	75.98	東京	82.09
3	岐阜	76.72	熊本	82.95	28	愛//	75.92	大分	82.08
4	神奈川	76.70	長野	82.71	29	山口	75.76	京都	82.07
5	오끼나와	76.67	岡山	82.70	30	福島	75.71	三重	82.01
6	靜岡	76.56	니이가따	82.50	31	茨木	75.67	福島	81.95
7	니이가따	76.49	靜岡	82.47	32	北海道	75.67	德島	81.93
8	千葉	76.46	山口	82.45	33	鳥取	75.66	岩手	81.93
9	京都	76.39	高知	82.44	34	兵庫	75.59	北海島	81.92
10	石川	76.38	山梨	82.33	35	德島	75.47	群馬	81.90
11	山形	76.37	廣島	82.38	36	佐賀	75.45	奈良	81.89
12	滋賀	76.36	福井	82.36	37	宮岐	75.45	滋賀	81.88
13	群馬	76.36	富山	82.35	38	高知	75.44	秋田	81.80
14	東京	76.35	神/川	82.35	39	岩手	75.43	埼玉	81.75
15	愛知	76.32	鳥取	82.33	40	가고시마	75.39	和歌山	81.70
16	岡山	76.32	宮崎	82.30	41	도찌기	75.38	岐阜	81.89
17	埼玉	76.31	石川	82.24	42	秋田	75.29	兵庫	81.69
18	宮城	76.29	愛//	82.24	43	福岡	75.24	愛知	81.63
19	熊本	76.27	千葉	82.19	44	和歌山	75.23	茨城	81.59
20	山梨	76.26	福岡	82.19	45	長岐	75.14	靑森	81.49
21	廣島	76.22	佐賀	82.17	46	大阪	75.02	도찌기	81.30
22	島根	76.15	宮城	82.15	47	靑森	74.10	大阪	81.16
23	奈良	76.15	香川	82.13					
24	富山	76.14	가고시마	82.10					

〈표 1〉 일본의 각 도도부현의 평균수명

서는 보다 튼튼한 아기를 낳아 기를 수 있는 것입니다.

후생성에서 5년마다 시행하고 있는 전국 평균수명 조사결과(1990)에서 재미있는 사실을 알 수 있었습니다.

도쿄, 아이찌현, 오사카 등 대도시 지역의 평균수명 순위는 이전보다 점점 떨어져 있습니다. 이유는 몇 가지에 도시생활의 스트레스가 너무 심한 것도 있다하지만, 그것이 원인이라면 도쿄의 순위는 좀더 밑으로 내려가야 할 것입니다. 아오모리현이 오사카와 최하 순위를 서로 다투고 있는 것도 이상한 일입니다.

이러한 사실에 대하여 저는 이 순위를 음료수와 생활용수에서 검토했습니다. 그러나 실은 검토할 필요도 없이 명백합니다. 개별적으로 보면 여러가지 원인이 복합적으로 중복된 결과지만, 남녀를 종합해 맨 끝 순서인 오사카에 관해, 단명의 제일 큰 원인은 '물에 있다'고 결론짓고 있습니다.

"오사카의 수도물은 맛이 없다!"

이것은 유명한 이야기입니다. 예전에는 '물의 도시'라고 평가받았던 오사카지만 지금은 비참하다고 말할 수밖에 없습니다. 물에 관해서 오사카는 일본 전체에서 최악의 비애를 맛보고 있습니다.

오사카의 수도물은 주로 시가현의 비와호에 수원을

이루는 요도가와 수계가 이용되고 있습니다. 전에 신문이나 TV에서 대단히 화제가 되어 잘 알려진 이 요도가와 수계의 원천인 비와호는 대단히 오염되었습니다. 그것뿐 아닙니다. 비와호에서 흘러나오는 요도가와는 쿄토시의 생활폐수가 흘러들어 더욱 수질을 떨어지게 했습니다. 오사카의 수돗물로 이용되고 있는 물은 이 같이 오염된 나쁜 물이었습니다.

수돗물을 살균하는 염소는 독극물

오사카의 수도국에서도 물론 성심 성의를 다해 좋은 물을 만들기 위하여 노력을 하고 있습니다. 주민들에게 조금이라도 안전한(그러나 맛이 있는 것과는 거리가 먼) 물을 공급하려고 필사의 정수를 거듭하고 있습니다. 그러나 오염이 너무 심한 현 상황에서는 수도국의 필사 노력도 미치지는 못합니다. 어쩔 수 없이 살균을 하기 위해 염소 투입량을 계속 늘리는 길 밖에 방법이 없습니다.

오사카의 물에서 클로르칼크(유리염소)의 냄새가 난다는 말을 듣는 것은 그 때문입니다.

특히 여름철이면 수원 오염이 악화되고, 또 세균 번식을 막기 위해 염소의 투입량을 늘리게 됩니다. 따라서 오사카의 여름 수도물은 더욱 유리염소취화됩니다. 게다가 대량의 염소를 투입하고 있는데도 불구하고 곰팡이 발생을 억제할 수 없는 경우가 있어 클로르칼크 냄새와 곰팡이 냄새까지 나는 일이 드물지 않습니다.

염소는 살균제입니다. 즉 생명을 죽이는 약품, 세포에 피해를 주는 물질로, 다시 말하면 독극물입니다. 염소가 독극물임에도 불구하고 수도물에 투입되는 것은 병원균 따위가 번식하지 않는 안전한 수도물을 공급하기 위해서 입니다.

정화하고 불순물을 제거한 물에 염소를 넣으면 확실히 병원균의 번식을 방지한다고 하는 의미에서 안전하다고 할 수 있습니다. 정수장에서 각 가정의 수도꼭지에 이르기까지의 긴 거리, 물이 수도관 속을 여행하는 사이에도 적당한 염소 농도가 있으면 집균의 침입이나 번식에 대해서도 효과적입니다.

따라서 수도물에는 각 가정의 수도꼭지에서 0.1ppm 이하의 잔류 염소농도가 남아 있도록 법률로 정해져 있습니다. 이것은 이상적이라고는 할 수 없지만, 현실적으로는 필요한 조치라고 할 것입니다. 물을 마셔도 감염되어 병에 걸릴 근심 없이 생활할 수 있는 것은 염소 덕분입니다.

그러나 염소가 살균제·독극물이라고 하는 사실에는 변함이 없습니다. 우리들은 염소가 들어간 수도물을 마실 때 입이나 식도의 세포 등이 염소의 독성에 의해서 피해를 받지 않는다고는 말할 수 없습니다. 이런 점에서 염소가 들어간 수도물을 좋아만 할 수 없지요.

각 가정 수도꼭지에서 나오는 수도물의 염소 농도가 0.1ppm 이하로 정해져 있지만, 이것을 크게 상회하는 염소 농도의 수도물이 공급되고 있는 것이 대체적으로 예외가 없습니다. 그것은 전국 수원지의 물이 오염되고 있기 때문입니다. 그 중에서도 대도시로 가면 더욱 심하며, 특히 오사카가 그 대표적인 예입니다. 오사카의 수도물 염소농도는 최저기준치의 수십 배에 이르기까지 합니다.

따라서 클로르칼크 냄새가 나는 것은 당연하며, 맛이 없는 것도 사실로 고약한 냄새가 난다, 맛이 없다라고 하는 우리 감각을 가볍게 생각해서는 안됩니다. 우리 감각은 자신에게 맞지 않거나, 자신의 생명이나 건강을 위협하는 것에 대하여 불쾌함을 감지하는 힘을 가지고 있습니다. 즉 냄새가 나거나 맛이 없는 것은 피해야 합니다.

평균 수명이 가장 긴 지역과 비교해보면 오사카의 평

균 수명은 남녀 공히 3년 정도 줄고 있습니다. 물론 '모든 원인이 수도물에 있다'고는 할 수 없지만 많은 원인을 수도물에서 찾을 수 있습니다.

그러면 수도물의 질이 나쁜 지역에 살고 있는 사람들은 어떻게 하면 좋을까요?

최소한의 조치로서 성능이 좋은 정수기를 수도꼭지에 설치하는 일입니다. 좋은 정수기를 사용하면 최소한 몸에 있어서 해가 되는 물은 없어집니다. 따라서 마시는 물이나 조리용 물과 가능하면 세면 물이나 목욕물 모두 정수기를 이용한 물을 사용하도록 권하고 싶습니다. 그러면 우선 최초로 느끼는 효과로써 미각과 후각의 회복일 것입니다. 정수기를 통한 물을 마시면 새삼스럽게 통감합니다. 수도꼭지에서 나온 그대로의 물이란 '도저히 냄새 때문에, 맛이 없어서'를 느끼게 됩니다.

당신이 특히 대도시의 수도물을 태연한 얼굴로 꿀꺽꿀꺽 마실 수 있다면 미각이나 후각이 마비되어 있다고 해야할 것입니다. 자신의 몸에 스치는 독극물조차 냄새를 분별할 수 없게 되어 버렸다는 것을 깨닫기 바랍니다.

나쁜 물 먹는 사람은 좋은 물 마시는 사람보다 8개월 먼저 사망한다

마시는 물이 몸에 어떤 형태로 영향을 주는가를 여러 가지 방법으로 조사한, 그 하나로 생쥐를 이용한 실험이 있습니다.

생쥐에게 물을 마시게 할 때 중수(重水)라고 하는 특별한 물(D₂O)을 조금 혼합합니다. 이렇게 하면 NMR(핵자기공명)분광기라고 하는 기계에 의해, 마신 물이 체내에서의 작용을 하나하나 상세히 기록할 수 있습니다.

이 실험 결과에서 알 수 있는 것 중, 우리가 가장 주목할 것이 있습니다. 마신 물은 즉각 1분 이내에 뇌 조직과 생식기(수컷이라면 고환, 암컷이라면 난소와 자궁)에 도달한다는 사실입니다.

어떻습니까? 이는 마신 물이 뱃속의 아기 환경에 매우 직접적인 영향을 준다는 실험 결과가 아닐까요?

저자는 다음과 같은 실험을 한 적이 있습니다(중앙과학분석센터의 히라노와 공동연구).

① 같은 종류의 먹이를 먹게 하여 기른 암컷 생쥐를 둘(A, B)로 나눈다.

② A는 오사카의 수도물을 마시게 한다.

③ B는 시판하는 미네랄워터(ph8.6의 알칼리성)를 마시게 한다.

④ A B 모두 임신시켜 출산시킨다.

⑤ 이렇게 해서 태어난 새끼생쥐의 체액상태를 비교한다.

이 실험의 결과 A(오사카의 수도물)에서 태어난 새끼생쥐의 체액과, B(미네랄워터)로부터 태어난 새끼생쥐의 체액에서는, 과학적으로 보아 명백한 차이가 나타났습니다. 이 차이도 NMR분광기를 사용해서 조사한 것입니다만, B의 생쥐에게서 태어난 새끼생쥐의 체액인 물 쪽이, 생명활동에 있어서 보다 좋은 무대가 된 물이었습니다.

그 증거로 A에서 태어난 새끼생쥐와, B에서 태어난 새끼생쥐의 수명을 보면 1주일 정도 차이가 생기는 것도 알았습니다. 즉, A에서 태어난 새끼생쥐 쪽이 B에서 태어난 새끼생쥐 보다 빠른 노화가 나타났습니다.

이와 관련하여 쥐의 생명은 2년=104주 정도이고, 인간의 수명은 쥐의 약 40배로 80년=4,160주 정도로 이것을 환산하면, 좋은 물을 먹는 사람은 나쁜 물을 먹는 사람보다 계산으로 40주간=8개월 정도 더 오래 산다고 봅니다. 물론 실제로는 훨씬 큰 차이가 있다고 할 수 있습니다.

태아에 이상이 있다 = 양수에 이상이 있다

다음과 같은 임상데이터가 있습니다. 쇼와대학교 산부인과의 노고쿠교수는, 태아가 체내에서 사망한 산모의 양수를 조사했는데, 양수의 유산농도가 정상보다 많이 높아 그 수치는 정상으로 분만하는 어머니의 양수농도보다 3배정도 높았다고 합니다.

양수의 유산농도는 정상 분만에 있어서는 $9.51 \pm 2.91mM$(미리몰, 1미리몰은 1000분의 1몰)이라는 수치입니다. 그런데 태아가 체내에서 사망한 어머니의 경우에는 $29.7mM$이라는 극히 높은 수치를 나타낸 것입니다.

또 임신 초기에 양수 막이 파괴되어 양수가 쏟아지거나 사산, 중증임신 중독증 등의 이상 형태을 평균하면 $12.78 \pm 2.46mM$이 되고 정상 보다 25퍼센트 높은 수치를 알 수 있습니다. 그 위에 임신 13주 째 양수를 채취해 본 결과 $16.75mM$로써, 이것 역시 매우 높은 수치였습니다.

양수의 유산농도가 높다고 하는 배경에는, 다음과 같은 원인을 생각할 수가 있습니다. 유산이란, 태아가 소비하는 에너지를 만들어내기 위해 당분을 분해 작용하는 산물입니다. 임신초기와 이상분만에 있어서 유산농도가 높다고 하는 것은 태아의 호흡이 불충분하기 때문에 그 부족한 호흡을 채우기 위하여 당분의 분해 작용이 늘어난 결과라고 생각할 수 있습니다.

어쨌든 태아에게 무엇인가 이상이 발생하는 경우는 태아를 감싸고 있는 바다, 양수에도 이상이 있습니다. 이 양수에서 생기는 문제가 태아의 이상에 따라 일어나는가, 혹은 양수의 이상이 태아의 이상에 전제가 되는가, 어느 쪽이 먼저인가 특정할 수는 없습니다.

우리는 대략적인 결과를 얻고, 여기서 결론을 피하기로 하겠습니다. 판단은 이 책을 더 읽고 난 후에 여러분이 내려주시기 바랍니다.

검정소가 얼룩소 되었다

여기 약간 충격적인 사진을 소개합니다. 무엇이 충격적인지 알 수 있겠습니까?

실은 이 커다란 눈을 갖은 귀여운 송아지가 얼룩소는 아닙니다. 원래는 검정소가 하얗게 변한 것은 심한 피부염을 일으키고 있는 부분입니다.

최근 인간의 아기에게도 아토피성 피부염으로 대표되

〈사진 1〉 원래 검정소가 흰점박이가 되었다.

는 심각한 알레르기 질환이 빈번하게 발생하고 있습니다. 이 같은 증상이 나타난 송아지라고 생각하면 됩니다. 그러나 이 송아지의 피부염은 자연적으로 발생한 것이 아니라. 어떤 의미로는 고의로 피부염을 만들게 한 면이 있습니다.

이 송아지를 사육한 것은 기후현에 있는 전자물성종합연구소 부속 우사입니다. 이 연구소는 전자물성기술을 응용해 농약이나 화학비료, 합성사료 또는 항생물질 등을 사용하지 않는 이상적인 농업과 축산업을 추구하고 실천하는 연구소입니다.

사람의 건강이나, 보다 안전한 식품가공도 중요한 연구 테마지만, 애초의 시작은 농업, 축산업의 분야에 열중하고 있었습니다.

여기서 전자물성기술에 관해서 만도 여러 권의 보고서가 될 정도입니다만 상세한 설명은 생략하겠습니다. 흥미가 있으신 분은 「전자의 물이 당신을 바꾼다(전자물성종합연구소장 저)」를 읽어보시면, '건강과 전자'의 관계, 또는 '대단히 몸에 좋은 물인 전자수'라는 것을 아주 알기 쉽게 쓰여져 있습니다.

간단하게 전자물성기술에 대해 설명하면, 생명활동의 근본은 전자(모든 물질의 기초인 원자는 양성자와 중성자, 전자로 되어있음)가 큰 역할을 하는 것에 주목한 기술입니다.

이 연구소 부속 우사에서 사육하고 있는 소들에게 전자물성기술에 따른 매우 청결하고 쾌적한 전자적으로 좋은 사료를 주고 또 전자수로 사육합니다. 이 소를 전자사육우라고 합니다. 여기서 태어난 송아지는 사진에 소개한 송아지와 같이 피부염을 일으키지 않습니다.

그런데, 다른 축산업자로부터 매입한 송아지 — 즉 엄마소는 그다지 좋지 않은 사육환경에서 합성사료가 주워지고 보통 수도물을 먹고, 때로는 항생물질 따위를 투여 받고 있습니다 — 를 전자로 사육하기 시작하면 '반드시'라고 해도 좋을 정도로 아주 심한 피부염이 생깁니다.

이 피부염은 의학적으로 말하면 호전반응(好轉反應)으로 설명할·수 있습니다.

즉 엄마로부터 유전된 송아지 자신도 그 때까지의 사육상태 속에 체내에 축적된 독성이나 오염, 좋은 환경, 좋은 사료로 그리고 무엇보다도 전자수를 마시고 자라는 중에 체외로 배출되는 결과, 보통이면 감추어진 채 지나버릴 건강하지 못한 원인이 밖으로 나타난 것입니다.

필자가 전자물성종합연구소를 방문했을 때 이 같은 상태의 송아지를 보았습니다. 사진에서 본 송아지는 전자사육으로 시작해서 1개월 된 상태입니다. 물론 이것은 '호전반응'의 결과이고, 몸의 근본적인 곳에서 본래의 건강을 되찾기 위한 결과 때문에, 심한 피부염은 어떤 송아지라도 수주일 내에 말끔히 해소됩니다.

다시 말하면, 이 연구소에서 주고 있는 전자수란 최근에 와서 널리 알려진 많은 '물' 중에 인간의 몸이나 모든 동물은 물론이고 농작물이나 식물에서도 생명활동 근본에 좋은 영향을 주는 물, 건강에 적극적으로 좋은

작용을 해주는 물의 대표적인 하나라는 것을 기억해두
십시오.

보다 확실히 말씀해 사진의 송아지처럼 아주 심한 피
부염의 호전반응이 생기는 것은 전자수를 먹이는 것으
로 체질의 개선을 도모한 결과입니다. 따라서 보통 물
이나 사료를 주는 보통 축산업자와 같이 사육한다면 이
같은 호전반응은 나타나지 않습니다.

이것으로 보통의 많은 송아지가 아무런 문제없이 건
강하게 자라고 있지 않다는 것을 근본적인 곳이 가리워
진 채 오염된 체질을 그대로 내재시킨 상태에서 성장해
버린 것입니다.

3명 중 한 명은 알레르기 체질

이쯤에서 화제를 우리 인간으로 돌려 1992년 5월30일
후생성이 알레르기 질환에 관한 최초의 전국조사 결과
를 발표했습니다. 그 조사는 사람이 잠재적으로 어떠한
좋지 않는 건강상태인지 명백하게 보여주고 있습니다.

조사결과에 의하면, 습진이나 지독한 코 막힘 등 알레
르기로 보이는 증상 때문에 괴로워하거나, 과거 1년 간
그러한 증상으로 고민한 경험이 있는 사람은 4천만 명
정도였다고 합니다. 이는 일본 인구 1억2천만 명의 3명

알레르기

건강

왕성

더욱이 그 중에
5명중 1명이
중증임

〈그림 3〉 우리 3명중 한 명은 알레르기 체질

중 한 명은 알레르기 체질이 표면화되었다는 참으로 놀라운 수치입니다.

한 가정의 인원이 4명이라고 하면, 한 가정 중에 1명은 반드시 알레르기 증상에 시달리고 있다는 계산입니다. 게다가, 대도시 주민일수록 체질이 표면화한 경향이 심하다는 것이니까, 대도시 사람들의 가정을 엿보면 어느 집이나 알레르기성 사람이 몇 명씩 있다고 해도 과장은 아닙니다.

어떻습니까? 실제로 주위에서 알레르기에 시달리고 있는 사람들을 많이 볼 수 있지 않습니까. 이 조사결과는 그 외에도 충격적인 것을 발표했는데, 알레르기 체질인 4천만명 중에서, 5명에 1명 꼴, 즉 8백만 명이 매우 극심한 증상, 때로는 일상생활까지도 자신이 없어지게 되는 아토피성 피부염 환자라고 하는 것입니다.

전 인구 1억2천만 명에 8백만 명이라면 15명당 한 명이라는 비율입니다. 결코 적은 숫자가 아닌 큰 비율입니다.

어떤 일정한 시기에 증상이 집중되는 비염 등의 알레르기 질환, 즉 꽃가루 알레르기 정도라면 계절적으로 찾아오는 증상이라고 웃어 넘길 수 있겠지만 만일 우리 아이가 심한 아토피성 피부염으로 괴로워하고 있다면 가족은 물론, 특히 어머니는 정신적으로나 육체적으로 아기 때문에 매우 괴로울 것입니다.

알레르기 질환은 연령에 따라 나타나는 증상이 다른 경향이 있습니다. 알레르기 증상은 어린 연령에서는 피부에 나타나는 비율이 높고, 연령이 올라감에 따라 천식이나 비염의 형태로 옮겨간다는 경향도 지적되고 있습니다.

어머니들끼리 보통 인사로 "우리 집 아이는 아토피성...", "어머! 댁의 아기도 그렇습니까?" 하는 말을 서로 주고받는 형편입니다. 이것을 당연한 것으로 받아버리면 큰일입니다. 더 늦기 전에 손을 써서 근본적인 대책을 세워 건강을 되찾지 않으면 장래 심각한 문제가 될 수 있습니다.

알레르기의 가장 큰 원인은 물

앞의 피부염을 앓고 있는 송아지를 생각해 봅니다. 그 송아지는 체내의 독소나 오염이 강하게 밖으로 배출되는 '호전반응' 때문에 피부염이 나타내고 있습니다. 그러나 3명 중 한 명의 비율로 나타나고 있는 알레르기 증상은, 대부분의 경우 호전반응이 아닙니다. 체내에 축적된 독극물이나 오염이, 이제는 쌓인 한계를 넘쳐 나오는 결과라고 받아들이는 편이 좋습니다.

　알레르기 질환의 원인으로서 가장 강조되고 있는 것은 식품첨가물(1년에 한 사람 당 3.4kg의 첨가물 섭취)이나, 환경오염물질의 영향입니다. 또는 식생활의 변화

〈그림 4〉 좋은 물과 나쁜 물을 마셨을 때 그 미치는 영향

도 무엇인가의 영향을 주고 있음에 틀림없습니다.

그러나 이러한 식품첨가물이나 환경오염물질의 영향보다 더욱 큰 문제가 있습니다.

그것은 물입니다. 물론 식생활이나 환경문제도 가볍게 볼 수 없지만, 생명활동의 무대인 물의 상태가 나쁘면, 그 후에 아무리 좋은 방법을 이용해도 좋은 결과를 기대할 수 없습니다. 특히 아기의 알레르기 질환에 관해서 '물의 질이 최대의 원인'으로, 그에 대응하지 않는 한 해결의 길은 찾아낼 수 없습니다.

다시 한번, 태어날 때까지의 아기 환경을 생각해 봅니다. 따뜻한 엄마의 자궁 속에서 성장을 계속하는 아기는, 바로 어머니인 바다 그 자체인 양수에 싸여 있습니다.

만약 그 양수의 주요 성분인 물이 좋은 물(=생명체에 조화하는 물)이 아니라면 도대체 어떻게 될까요? 아기는 이 세상에 태어나기 전부터 열악한 환경에 놓여지게 됩니다.

따라서 아기가 10개월이라는 긴 세월을 보내고, 생명으로 시작되는 매우 중요한 성장을 거듭하는 양수를, 보다 좋은 환경으로 조성하기 원한다면 '생명체에 조화하는 물을 마셔야 한다' 는 것은 아주 자연스러운 이야기입니다.

태어나서 2, 3개월 동안에 아토피성 피부염이 나타난다고 한다면, 출생 후 환경보다도 출생 전의 환경, 결국은 양수와 모체의 상태에서 원인을 찾는 편이 훨씬 설득력이 있습니다. 양수와 모체의 상태를 결정하는 최대의 원인, 어머니 자신이 어떠한 물을 마셨는가, 어떠한 음식을 취했는가를 생각해보면 충분히 알 수 있습니다.

달콤한 청량음료수와 비행청소년

우리 가까이에 있는 데이터 중에 먼저 주변 재료를 소개합니다.

<도표 2>는 이른바 비행청소년(무엇이 비행인지는 아

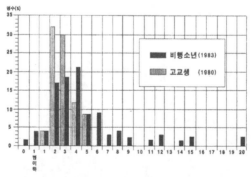

주) 고교생에 대한 자료는 일본 농정연구센터편 식료백서에 의함(1980)
비행소년에 대한 자료는 오오자와의 조사에 의함
〈도표 2〉 비행청소년의 청량 음료수 섭취 현황

이들 쪽에 서서 따뜻한 눈길로 다시 볼 필요가 있지만) 과 일반 고교생과의 청량음료수를 마시는 양을 비교한 것입니다.

여기에서 말하는 청량음료수란 일반적으로 시판되고 있는 음료입니다. 이것을 '물'로 본다면 매우 나쁜 물입 니다. '생명체의 조화를 어지럽히는 물이다'라고 단언 해도 과언이 아닙니다.

그러면 <도표 2>를 자세히 봅시다. 이 그림에 1병은 200cc 정도입니다. 보통 고교생은 1일에 2, 3병 마시고 있지요, 그 중에는 4, 5병이라고 하는 학생도 있습니다 만, 약 70퍼센트가 3병 이하입니다. 그런데 건강을 중요 하게 생각한다면 너무 많은 양입니다.

분명히 말해 청량음료수 따위는 일체 마시지 않는 것 이 더할 나위 없이 좋습니다. 그 이유는 다시 말하기로 하고, 먼저 비행청소년 쪽을 보십시오.

그 중에는 1일에 20병이나 마시고 있는 학생도 있습 니다. 10병 이상 마시는 사람도 꽤 많이 있습니다. 4병 이상 마시고 있는 학생까지 합치면, 전체의 절반 정도 에 달합니다. 어쨌든 비행청소년은 보통 고교생보다도 청량음료를 훨씬 많이 마시고 있는 경향을 알 수 있습 니다. 이는 비행적인 행태의 결과라고 볼 수 있겠지요.

밖에서 보내는 시간이 길고, 가정에서 착실하고 단정하게 식사하는 일이 드물다고 한다면, 자동판매기에서나 편의점에서 청량음료수를 사서 마시는 기회도 훨씬 늘어날 것입니다.

그러나 반대로 보면 청량음료수를 많이 마시는 것이 비행적 행태의 온상으로 되고 있는 가능성도 부정 할 수 없습니다.

오룡차 등의 차 종류를 제외한 청량음료수에는, 틀림없이 다량의 당분이 첨가되어 있습니다. 그런 당분을 많이 포함한 청량음료수를 매일 많이 마신다면 도대체 어떻게 될까요? 당분을 많이 함유하고 있는 이상, 칼로리가 높은 음료입니다. 그것을 다량 마시면 칼로리 과다가 됩니다.

따라서 비만이나 당뇨병, 고혈압증도 될 수 있습니다. 원래는 성인병이었던 비만, 당뇨병, 고혈압증이 요즘에는 어린이부터 젊은 세대까지 많이 발생하고 있는 배경에는, 청량음료수를 많이 마시는 원인이 있다고 말할 수 있습니다.

걱정은 그것만이 아닙니다. 체내로 들어간 불필요한 당분은 그 대사과정에서 칼슘을 다량으로 소비해버립니다. 몸 속의 칼슘이 부족하게 되면 어떻게 될까요? 뼈나 치아가 약해지는 것은 당연한 일입니다.

그러나 결코 그것만이 아닙니다.

맛있는 물을 알면 주스가 싫다

여러분은 뼈나 치아에 관한 외에도, 칼슘이 몸 속에서 중요한 작용을 한다는 것을 아십니까? 칼슘은 신경조직 중에 무엇보다도 중요한 역할을 하고 있습니다. 칼슘이 부족한 몸은, 신경 전달이 늦고 심하면 근육이 경련을 일으켜 손발을 자유롭게 움직일 수 없게 됩니다. 이에 관련하여 칼슘은 정신안정 역할도 하고 있어, 칼슘이 부족한 사람은 무척 초조해하거나 불안정하게 되기도 하고, 감정을 제어할 수 없게 됩니다.

세계 제2차 세계대전 중 일본은 병사에게 일부러 칼슘이 부족한 음식을 제공했다는 이야기가 있습니다. 그 이유는 병사들을 초조하게 만들어 공격적으로 만들기 위해서 였습니다.

아시겠지요? 청량음료수라는 '생명체의 조화를 어지럽히는 물'을 다량으로 마시면 정신이 불안정하게 되고, 때로는 공격적으로 됩니다. 그 결과 비행 행태로 나타나는 것이 부자연스러운 것일까요?

비행청소년이 청량음료수를 많이 먹는 경향을 볼 수

있는 것은, 아마도 복합적인 원인에서입니다. 청량음료수 때문에 초조해지니까 밖으로 나간다. 밖으로 나가기 때문에 더욱 더 청량음료수를 마실 수 있는 기회가 늘어난다. 그 때문에 더 초조해져서 공격적으로 된다. 그러한 악순환의 결과라고 하는 것은 가장 자연스런 생각입니다.

보다 확신키 위해 부연하면, 수험 공부를 하는 어린이들 중에는 다량의 청량음료수를 마셨기 때문에 급격하게 혈당치가 변동해, 심할 때는 혼수상태로 되어 구급차로 병원에 실려 가는 예까지도 있습니다. 실로 우려해야할 사태가 아닐까요?

저의 친구에게 고교생 아들이 하나 있는데, 그는 청량음료수를 거의 마시지 않습니다. 부모가 의도적으로 청량음료수를 금하고 있기 때문이 아닙니다. 그 가정에는 생명체에 조화를 주는 아주 맛있는 물이 있기 때문입니다.

태어났을 때부터 물이라면 수도물 밖에 못 마시고 자란 아이들에게 물은 맛없는 것이라고 생각하고 있습니다. 또 질이 나쁜 물 덕택으로 미각과 후각도 근본적인 곳에서부터 마비되어 있기 때문에, 정말 맛있는 물을 마셔도 감동할 수가 없습니다. 그 결과 '좋은 맛'을 연출시킨 청량음료수에 손을 내밀게 되는 것입니다.

여기까지 주로 남에 대한 이야기였습니다. 그러면 이제 당신 자신은 어떨까요? 뱃속에 있는 귀한 아기를 위해 좋은 물을 마실 것을 생각해 보시렵니까?

임산부의 70%가 수도물을 마시다?

이 책 저자의 한 사람인 나까무라는 시즈오까현 미시마 시의 산부인과 원장입니다. 그는 물의 전문가인 저와 공동연구의 일환으로, 임신중인 여성이 마시는 물과 음료를 조사하여 다음과 같은 결과를 얻었습니다.

이 조사 실험에 참여했던 여성은 19세부터 38세로, 평균 연령은 25.3세로 초산인 여성이 43퍼센트, 경험한 여성이 57퍼센트입니다.

'임신중인 여성이 마시는 물과 · 음료'

① 일상 생활에서 주로 마시는 물 : 우물물 1.9%, 미네랄워터 5.5%, 수도물 68.5%,수도물을 정수기로 정수한 물 24.1%.

② 물 외의 기호품으로 자주 마시는 음료 : 오룡차, 보리차, 녹차 61.1%, 청량음료수(탄산음료, 주스, 캔 커피 등) 13.0%, 우유 20.4%, 기타(특히 의식하지 않은

것도 포함) 5.5%.

이 결과는 전국적으로 본 일반 임산부의 상황과 비교하면 아주 좋은 예라고 할 수 있습니다. 청량음료수나 우유를 다량으로 마시고 있는 분의 비율이 적다고 생각되기 때문입니다.

이러한 바람직한 결과가 나온 배경에는 미시마 시의 수도물 질이 양호하다는 것을 빼놓을 수 없습니다. 미시마 시 일대, 그 외에 시즈오까 주변은 전국적으로도 매우 좋은 수도물입니다. 필자의 조사에서도 미시마 시의 수도물은 pH8 이라고 하는 알칼리성 물입니다. 알칼리성 물을 마시면 알칼리체질이 되어서 건강해진다 라고 말할 수 있는 단순한 것은 아닙니다만, 어쨌든 pH8 이라고 하는 수치는 상당히 양질의 물이라는 것을 의미하고 있습니다. 미시마 시의 수원이 후지산에서 흘러내리는 물로 아주 양질이라는 것을 생각한다면, 이것은 당연한 결과라고도 말할 수 있습니다.

전국적으로도 좀처럼 보기 어려운 양질인 수도물에 혜택을 받고 있는 미시마 시(시즈오까는 남녀 공히 장수하는 현으로서 일본 수명 조사에서 상위)임에도 불구하고 나까무라가 왜 임산부의 마시는 물이나 음료의 조사를 했는가는 다음과 같은 사정이 있습니다.

나까무라는 1992년 6월에 TV 뉴스프로에서 알칼리이 온수를 처음 알았습니다.

- 알칼리 이온수를 마시고 당뇨병이 나은 사람.
- 산성 이온수를 바르고 욕창이 깨끗하게 나아가는 경위.
- 병원의 간호사나 환자가 플라스틱 병에 알칼리이온 수를 들고 가는 장면.
- 업무용기계로 만든 강산성수를 농작물에 뿌려 농약 대신 해충을 구제하는 것.
- 녹색 잔디에 분무해서 환경문제에 대응하는 골프 장.
- 결혼식장의 주방에서 세균의 번식을 억제하기 위해 사용되는 강산성수.

라고 하는 뉴스 프로였습니다.

나까무라는 이 뉴스를 보고 '입원중인 환자(임산부) 들에게 좋은 물을 마시게 하고 싶다' 라는 생각을 하게 되었습니다. 그 때 마침 직원중의 한 사람이 알칼리이 온수 기계를 매입했다고 하여, 관심을 갖고 그 집안이 변화되는 경위를 살펴보기로 했습니다. 그런데 아토피

성 피부염인 어린이가 1개월 정도부터 점차적으로 개선
되었다는 말을 듣고 나까무라는 직접 자신에게도 시험
해보기로 생각했습니다.

TV뉴스 프로에서 자극을 받고 달포가 지난 8월이었
습니다. 나까무라는 본래 건성피부라 겨울동안 환절기
가 되면 습진이 생겨 가려워 견딜 수 없도록 괴로워했
습니다. 그런데 여름에 기계를 도입해서 알칼리이온수
를 계속 마셨더니, 그 겨울부터는 괴로움이 전혀 없어
졌습니다.

또 그 즈음 그의 숙부는 혈압이 높고 당뇨병 때문에
병원에 입원했었는데, 집에서 만든 알칼리이온수를 갖
다 담당의사 몰래 마시고 있었습니다. 그런데 돌연 혈
압이 내려가고 혈당수치도 정상으로 된 것입니다.

물의 전문가인 저는 알칼리이온수에 의해 알레르기
체질이 개선되거나, 혈압이나 혈당치가 개선되는 것은
지극히 당연한 일이라고 봅니다. 하지만 그 당시 나까
무라는 대단히 놀라운 경험이었습니다.

임신 중독증에도 알칼리이온수가 잘 듣는다

나까무라의 이 한가지 경험이 나와 공동연구를 시작
하는 동기가 되었습니다.

그 후 '미시마 마타니티 클리닉'에서는 입으로 들어가는 모든 물을 알칼리이온수로 했습니다. 입원해 있는 사람은 물론, 스텝들도 모두 알칼리이온수를 적극적으로 마셨습니다. 물론 조리용 물도 알칼리이온수로 했습니다.

나까무라는 알칼리이온수의 좋은 점을 직접 체험해, 이번에는 많은 임산부들에게도 알칼리이온수를 갖고 가도록 하고, 마시는 물과 조리용 물을 모두 알칼리이온수로 바꾸도록 했습니다. 그 중 완전하게 바꾼 몇 명의 임산부는, 몸이 가벼워지고 편안해졌다고 하며, 부증도 빠지고, 소변 기능도 훨씬 좋아져 기뻐했습니다. 그리고 이 물을 이용한 임산부의 양수를 스캔(초음파 단

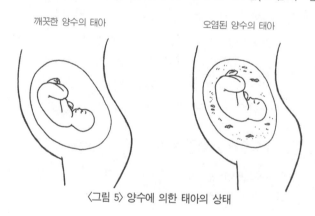

깨끗한 양수의 태아   오염된 양수의 태아

〈그림 5〉 양수에 의한 태아의 상태

층장치)으로 관찰했더니, 양수 중에 부유물이 적고 깨끗하다는 인상을 받았습니다.

또 한편에서는 양수에 갑자기 부유물이 많고 혼탁해지는 임산부도 있어, 향후 산부인과에 있어 과제가 될지도 모릅니다.

이러한 실례가 계속됨에 따라 나까무라는 더욱 열심히 알칼리이온수의 작용을 추진하게 되었습니다. 특히 출산을 앞둔 여인들을 위한 어머니교실에서는 임신에서 출산, 수유기까지 마실 물이나 음료수와 음식물이 얼마나 중요한가, 그 물의 질에 의해 산모는 물론이고 아기에게까지 갖가지 영향이 나타난다는 '상당히 확고한 가능성'을 역설했습니다.

이번에는 나까무라가 산부인과 의사의 전문가적인 견해를 소개합니다.

임산부들 중에는 임신중독증으로 고통을 받는 분이 적지 않습니다. 그런데 이 임신중독증에는 알칼리이온수가 매우 효과적입니다. '임신중독증이란 임신중에 체내에 생긴 독소에 의한 중독증상의 총칭'이며, 일반적으로는 '태반이 괴사를 일으키고 그 분해산물이 혈관을 지속적으로 수축하게 하기 위하여 발증한다'라고 되어 있습니다. 간단하게 말해 몸 속에 발생한 독소를 적절하게 신진대사 할 수 없기 때문에(체외로 내보낼 수 없는) 일어나는 혈관 병으로, 그 결과 체내에 불필요해진 수분의 배설이 막혀 몸에 부종으로 나타납니다.

이 증상을 개선하기 위해 보통 이뇨제를 마시고 수분의 배설을 촉진함과 동시에 마시는 수분 양을 제한합니다. 그러나 이것은 몸의 활동을 근본적으로 생각해, 결코 바람직한 치료법이 아닙니다. 이미 설명한 임신중독증이란 '체내에 발생한 독소를 적절하게 신진대사 할 수 없기 때문'에 일어나는 증상입니다. 체내의 독소를 배설할 때에는 물의 존재를 빼놓을 수 없습니다. 독소는 물에 씻겨 흘러 내려보낸다고 생각하면 됩니다. 그런데 수분 섭취 량을 제한한 후 이뇨제를 먹게 하는 것은 몸이 필요로 하는 물의 량이 절대적으로 부족하다는 것입니다.

부종은 많이 마신 물 때문이 아니다

부종이라는 것은 몸 조직으로부터 초과되어 필요 없는 물입니다. 그러나 이 부종을 제거하는 것만 생각하고 수분을 제한적으로 배설시켜 버리면, 몸 조직 중에서 중요한 역할을 하는 수분까지 모자라게 됩니다.

그러면 어떻게 하면 좋을까요?

우선 중요한 것은 몸 조직으로 침투가 높은 물을 많이 마시는 것입니다. 즉 세포조직 깊숙이 파고드는 힘이 강한 물을 마시는 것으로, 체내의 독소를 보다 효율적으로 씻어 흘러보낸다고 생각하면 될 것입니다. 그리고 이뇨제 투여는 가능한 한 피하도록 합니다.

말할 것도 없이 미시마 산부인과에서 '몸 조직으로 침투성이 높은 물'을 사용한 것은 알칼리이온수입니다.

오해가 없도록 기록하면, 같은 성질을 가진 물은 알칼리이온수 뿐만은 아닙니다(이점에 관해서는 별도의 장에서 상세하게 전합니다).

간단하게 정리해 임신중독증을 개선하기 위해서는 몸 조직으로의 침투력(세포조직으로 흡수되기 쉬운 물)을 적극적으로 마셔 체내의 좋은 물을 충분토록 하고, 몸이 본래 가지고 있는 자연스러운 배설작용을 순조롭게 하여 체내의 독소를 씻어 소변을 통해 체외로 내보내는 것이 중요합니다.

물론 이 방법이라면 단지 물을 마시니까(지금까지 마시던 물을 알칼리이온수로 바꾸었을 뿐) 산모나 태아에게 아무런 영향을 주지 않으며 부작용에 대한 근심도 전혀 없습니다. 그뿐 아니라 산모의 체질을 근본적으로 개선하여 건강도를 높이는 효과도 기대할 수 있습니다.

첫째 아기에게 아토피성 피부질환이 많은 이유

아토피성 피부염과, 알레르기성 질환 이야기를 다시 합시다.

우리의 조사·연구에서 임신 중에 주스류 등의 청량 음료수를 많이 마시는 산모로부터 태어난 아기는, 그렇지 않은 엄마에서 태어난 아기와 비교하여 아토피성 피부염이 발생되기 쉽다는 경향을 알고 있습니다.

'아기란 어머니의 분신입니다. 산모가 건강하면 튼튼한 아기가 태어나고, 산모가 건강치 않으면 건강하지 못한 아기를 출산하기 쉽다'라고 하는 것은 자연의 이치입니다.

또 좀더 적극적으로, '여성은 아기를 출산할 때 자신의 체내에 있는 독소를 아기에게 이전시켜서 배출한다'라고 하는 의견도 있습니다. 이 극단적인 학설이 맞지 않아도, 그렇다고 아주 무시 할 수도 없습니다.

흔히 말합니다. 출산 후에는 피부가 깨끗해진다고! 그렇습니다. 체내의 독소가 모두 배설되기 때문입니다. 또 아토피성 피부염으로 괴로워하는 아기의 비율이 첫째 아이 즉, 최초의 첫아기에게 높다는 말도 수긍이 갑니다.

산모에게 계속 모아졌던 독소의 영향을 가장 크게 받는 것은 첫아기뿐입니다. 이러한 사실을 알았다면 더욱 아기 엄마는 깨끗하고 정갈하게 해야 되지 않습니까? 산모 몸 속의 독소가 적으면, 그만큼 태어나는 아기에게도 피해가 적어지니까요.

도시 속의 어린이는 대부분 아토피성 피부병환자

어머니가 되는 여성에게 한정하지 않고, 인간의 건강을 지배하는 것은 음식섭취와 물입니다. 먹거리의 질도 많은 부분은 물이 지배합니다.—모든 식품의 중량 중에 물이 차지하는 중량은 매우 높은 비율로, 야채의 경우 물이 90퍼센트 이상이고, 육류 등도 70퍼센트 정도는 물입니다. 조리된 된장국이면 99퍼센트는 물이라고 생각해도 좋습니다.—그렇기 때문에 '인간의 건강을 지배하는 것은 물이다'라고 단언해도 틀림없습니다.

몸 내부의 문제로서 보면, 건강을 지배하고 있는 것은 혈액으로, 이것 역시 물로 볼 수 있지요.

그러면 새빨간 물 혈액에 관해 다시 생각해봅니다.

혈액이란,

① 사람이나 동물의 체내를 순환하는 체액의 일종이다(임파액 등도 포함).

〈그림 6〉 도시에서는 4세까지 어린이의 반 이상이 알레르기성 질환에 시달린다.

② 성분은 척추동물에서는 혈구 및 혈장으로 이루어
  진다.

③ 혈액은 몸을 이루고 있고 있는 모든 조직으로 산
  소, 영양분, 호르몬 등을 운반한다.

④ 그 한쪽에서 이산화탄소나 기타의 대사생성물(노

폐물이나 독성물질)을 운반해간다.

⑤ 혈액을 구성하는 요소의 하나인 백혈구는 먹는 작용이나 항체생산에 의해 생체방어(세균이나 바이러스 등의 외적에 대한 방위군)의 역할을 한다.

물론 피의 활동은 이것 외에도 많은 역할을 하고 있습니다. 앞의 5개 항목만을 봐도, 새삼스럽게 얼마나 중요한지를 알 수 있습니다. 혈액의 상태가 나빠지면 몸의 조직세포는 총괄하여 영양 부족이 되기 쉽습니다. 또 불필요해진 노폐물을 원만하게 버릴 수도 없게 됩니다. 또 세포나 바이러스에 대항하여 몸을 강하게 지키는 것도 어려워집니다.

임신중인 여성이라면 더욱 그렇습니다. 태아에게 충분한 영양을 보급하고, 태아가 대사하는 노폐물도 함께 처리해야 하기 때문에, 혈액의 상태가 주는 영향은 보다 매우 크고 중요하다고 봅니다.

다시 말하면, 인간의 피를 구성하는 성분 중 82.5퍼센트는 물입니다. 혈액의 상태를 보다 좋게 하려 한다면, 물에 대한 문제로부터 생각해야 하는 것이 당연한 일이 아닐까요?

여기 <표 2>는 아토피성 피부염에 대표되는, 알레르기성 질환이 연령이나 지역에서, 어떤 정도로 발생하고 있는가를 정리한 것입니다. 이 표에서는 보여지고 있지 않지만, 증상별로 정리하면 낮은 연령에서 아토피성 피부염의 비율이 압도적으로 높아집니다.

그러면 어린 연령, 그 위에 도시 지역사람의 알레르기성 질환

연령	전지역	도시지역	군단위지역 (%)
평균연령	34.9	39.9	30.1
0~4	42.4	51.5	36.0
5~9	39.6	44.0	33.8
10~14	39.6	44.2	35.8
15~19	34.2	37.2	27.6
20~24	34.5	42.4	29.9
25~34	38.4	44.3	30.9
35~44	37.3	41.2	33.0
45~54	32.8	37.0	29.0
55~64	29.0	32.5	24.7
65~74	29.4	36.2	25.7
75세 이상	29.3	35.1	27.0

〈표 2〉 알레르기 증상의 연령별, 지역별 비교

의 발생률이 얼마나 높은가를 주목합시다. 도시지역의 4세까지의 어린이 절반 이상에게서 알레르기성 질환이 발생하고, 이 대부분은 아토피성 피부염으로 보아도 좋을 것입니다.

이것은 그냥 넘길 수치가 아닙니다. 산모로부터 아기가 이어받은 '무엇인가'의 이유로 이만큼 높은 비율로 발병하므로, 알레르기 질환을 예방하려면, 태아의 환경인 산모의 건강을 본질적으로 개선할 수밖에 없습니다.

이 열쇠는 '물의 질이다' 라는 사실입니다.

여기까지 읽으신 분은 이제 충분히 이해가 되었을 것입니다.

2

좋은 모유, 나쁜 모유는 물이 좌우한다

물과 음식을 바꾸면 모유가 나온다

아기에게 있어 중요한 영양공급원인 모유와 물에 대해서 생각해 보려 합니다.

아기가 축복 받으며 탄생하였으나 모유가 잘 나오지 않아 고민하는 산모가 적지 않습니다. 그러나 잘 나오는 모유라고 해도 그 성분을 분석해보면 영양학적으로 반드시 안심할 수 없는 경우가 있습니다.

오해가 없도록 미리 양해를 바랍니다. 우리들은 모유, 육아를 맹신하고 있는 것은 아니지만 세상에는 '누가 뭐라 해도 모유로 길러야 한다' 라고, '해야한다' 를 고집하는 사람도 있습니다. 그것은 억지라고 생각합니다. 모유를 먹이고 싶어도 충분한 모유가 나오지 않는 어머니에게 그렇게 '해야한다' 만큼 잔혹한 일은 없습니다.

그러나 원칙적으로 말해 아기는 모유로 키우는 것이 이상적입니다. 그것은 포유류의 역사로 거슬러 올라가면 인류는 그렇게 길러왔고, 자연의 섭리이기 때문입니다.

그래서 모유가 충분하게 나오지 않아 괴로워하는 어머니에게 제안을 합니다.

이제까지 당신의 물에 대한 생활과 식생활을 다시 생

각해보면 어떻겠습니까? 산모인 당신의 몸이, 보다 건강하게 된다면 모유가 잘 나올 가능성이 있기 때문입니다. 또 같은 모유라 해도 아기의 건강한 발육에 있어 보다 낳은 양질이 되기 때문입니다.

앞에서도 '인간의 혈액을 구성하는 성인중의 82.5퍼센트는 물입니다.' 피는 물보다도 진하다고 합니다만, 17.5퍼센트가 물 이외의 물질이, 그런 의미에서 확실히 진하다고 할 수 있지요. 그렇다면, 혈액이 형태를 바꾼 것이라는 모유는 어떨까요? 모유도 물보다도 진한 것일까요?

결론을 말하면 확실히 진합니다. 그러나 진하다고 해도 혈액만큼 진하지는 않습니다. 모유가 차지하고 있는 수분 비율은 평균으로 보아 88.5퍼센트가 되기 때문입니다. 즉 물 이외 성분비율은 약 11.5퍼센트 밖에 없다는 것입니다.

그러면 태어날 때까지 아기의 환경이었던 산모의 상태는 모유에 어떤 영향을 주고 있는 것일까요. 또 모유의 성분 변화와 아기의 발육에 상관 관계가 있을까요?

이것을 명백하게 규명하기 위하여 우리들은 다음의 공동연구를 했습니다.

모유도 산모에 따라 성분이 다르다

모유의 주성분은 영양소가 되는 젖당(유당)과 에너지가 되는 지방, 이 지방의 대사를 조정하는 콜린, 그리고 혈액의 응고를 막는 구연산 정도입니다. 물론 성분으로서의 비율은 적지만, 그 외에도 빼놓을 수 없는 중요한 물질이 다수 함유되어 있습니다. 여기서는 이 4가지 성분에 주목하여 모유의 '질'을 생각합니다.

우리들은 미시마 산부인과에서 출산한 61명의 산모 동의와 협조를 얻어, 출산 후 5일째의 모유성분을 분석하여 보았습니다. 이 분석에서 NMR(핵자기공명)분광기를 사용했습니다. NMR분석기를 사용하면 모유뿐 아니라 어떤 액체의 성분내용이나, 혹은 물 자체의 상태 등이 아주 정확하게, 또 비교적 간단히 분석할 수 있습니다. 모유의 경우 1cc 정도 샘플이면 분석하는 데 2분 정도로 끝납니다.

<도표 3>은 산모 61명이 출산 후 5일째 모유성분의 종합적인 전체상입니다.

유당의 평균치가 229.9mM(미리몰)입니다. 그러나 61명의 모유 중에는 128.6mM이라고 하는 낮은 수치를 기록한 것도 있었습니다. 여기에 비해 최고치는 335.3mM.

이 최저치와 최고치의 차이에 대해, 또 같은 모유라도 이렇게 큰 차이가 생긴다는 것입니다.

여기에 각각 성분에 관해서 평균치, 최고치, 최저치를 정리하면

평균치 : 유당 222.9mM, 콜린 1.30mM, 구연산 4.06mM, 지방 29.0mM.

최고치～최저치 : 유당 335.3mM～128.6mM, 콜린 2.55mM～0.18mM, 구연산 8.26mM～1.50mM, 지방 92.5mM～6.96mM.

이 결과는 어느 의미에서 충격적입니다. 어느 성분을

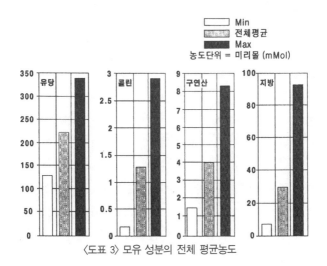

〈도표 3〉 모유 성분의 전체 평균농도

살펴보아도 최고치와 최저치 간에 매우 큰 차이가 있기 때문입니다. 예로 지방(농도가 높다고 결코 좋은 것은 아님)에 주목하면 10배 이상이나 차이가 나지 않습니까.

많은 산부인과 의사들은 모유 상태에 대하여 그다지 흥미를 갖고 있지 않았습니다. '모유는 완전 영양식이다' 라고 하는 선입관이 있기 때문입니다. 그러나 이 결과는 그 선입관을 버려야한다고 강조하지 않을 수 없습니다.

모유의 농도 상태는 모체의 건강상태에 의해서 크게 변화하기 때문에, 경우에 따라서는 반드시 아기에게 있어서 바람직한 '완전영양식품' 이 아니라고 하는 것입니다. 일시적으로 양은 충분했었다고 해도 질에 있어서는 걱정스러운 모유도 적지 않다고 해야할 것입니다.

더욱 모유의 상태(=어머니의 건강상태)와 아기의 건강상태 상관관계에 참고로 하기 위해 실험에 참여해 준 61명의 어머니 중에 출산까지 급조산의 위험이 있었던 어머니 27명의 모유에 관해서 비교해 보았습니다. 그것이 <도표 4>를 보시면 이 그래프 중의 '모유건강'은 급조산의 위험은 있었으나, 출산 후에 순조로웠던 그룹 14명의 평균치입니다. 전체 평균은 27명의 것입니다.

당연한 일이면서 모자의 건강그룹인 평균농도(유당 263.1mM, 콜린 1.74mM, 구연산 2.77mM, 지방 28.0mM)에 비교하여, 모자의 문제발생그룹의 평균농도(유당 172.1mM, 콜린 0.75mM, 구연산 2.77mM, 지방 22.4mM)는 낮아지고 있습니다. 이 모유농도와 모자의 문제발생과의 관계에 있어서는, 더욱 상세하게 연구를 거듭할 필요가 있겠지만, 현 상황에서도 일단의 기준으로서 보는 것이 가능합니다.

덧붙여 이 비교에 있어 모자가 건강한 그룹의 아기들은 산후에 황달증상이 나타나도, 전체적으로 1주일 정

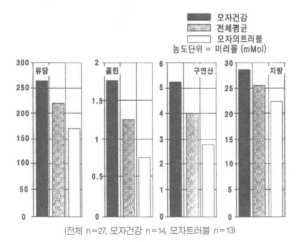

(전체 n=27, 모자건강 n=14, 모자트러블 n=13)

〈도표 4〉 조산한 산모의 모유 평균농도

도면 사라졌습니다 그러나 모자의 문제발생그룹의 아기들은 해소하기까지 1개월 가량 걸렸습니다.

보다 명확하게 다시 말하면, 일반 산부인과 의사들은 보통 산후 바로 아기의 건강상태를 황달증상으로 판단하고, 개인영양(분유)이 포도당의 투여를 검토합니다. 그러나 실험에서처럼 출산 후 바로 모유농도를 조사를 해보면, 보다 빨리 적절한 대응을 할 수 있게 될 것입니다.

몸에 좋은 물을 마시면 좋은 모유가 나온다

그러면 모유의 상태(=산모의 건강상태)와 마시는 물(조리용 물 포함)의 관계를 보기 위해 다음의 연구를 소개합니다. 이는 홋카이도의 오비히로 시에 있는 조산원 노하라 씨의 협조 데이터입니다.

K S씨(36세, 1992년 9월6일 여아 출산)와 E O씨(32세, 1992년 10월 9일 남아 출산)의 두 분은 출산 직후부터 '생명체에 조화하는 물'의 하나인 전자수(뒤에 상세 소개)를 1일 1.5~2리터 마시기 시작했습니다.

<표 3>은 K S, <표 4>는 E O씨의 모유 성분농도를 정리한 것입니다.

<표 3>에서 K S씨의 유당 농도는 평균보다 높은 수준

을 지속하고 있는 것에 비해서 지방농도는 평균치의 상하변동을 되풀이하고 있습니다. 그러나 전체 수유기를 통해 보면 평균농도를 유지하고 있습니다.

<표 4>에서는 E O씨의 각 성분농도가 보다 안정된 높은 수준을 유지하고 있는 것을 알 수 있습니다.

두 사람의 모유상태는 전체적으로 극히 양호하다고 말할 수 있습니다. 특히 출산 후 얼마 안된 시기(10여 개월)의 수치를 미시마의 61명의 평균치 <도표 3>와 비교해보면 그것을 잘 알 수 있습니다. 다시 말해, 두

	1992년 10월	11월	12월	1993년 1월	4월	5월	6월	7월
n	1	2	3	3	2	3	2	3
유당	440.0	446.2	441.6	296.5	352.0	357.2	373.7	373.3
콜린	2.89	2.35	2.15	1.56	2.48	2.41	2.78	2.04
구연산	5.63	5.28	4.74	2.48	2.71	2.29	2.41	2.24
지방	33.3	40.9	15.9	10.3	35.1	46.1	43.1	18.7

	8월	9월	10월	11월	12월	전체 평균	Max Min
n	1	2	2	1	1		551.3
유당	345.0	372.8	388.2	243.8	199.7	371.3	199.7
콜린	1.92	2.38	2.60	3.81	1.77	2.30	3.8 1.44
구연산	1.55	1.34	1.54	1.28	0.81	2.98	6.03 0.81
지방	14.6	31.9	27.9	41.4	69.4	31.0	83.4 7.65

농도단위 : 미리몰(mM) n = 26(시료의 수)
1992년 10월 1일부터 전자수

〈표 3〉 KS씨 모유 성분농도 H-NMR분석
(1992.9.6출산)

	1992년 10월	11월	12월	1993년 1월	4월	5월	6월
n	2	3	1	3	3	3	3
유당	389.2	305.0	217.1	242.8	267.5	369.0	305.1
콜린	2.18	1.63	1.32	1.59	1.31	1.77	1.68
구연산	4.19	3.05	2.02	2.17	1.88	2.69	1.69
지방	16.7	19.0	13.5	10.1	15.2	9.33	27.5

	7월	8월	9월	10월	전체 평균	Max Min
n	3	4	2	3		416.6
유당	261.9	192.3	257.2	239.8	280.0	132.8
콜린	1.54	0.82	1.29	0.93	1.52	2.50 1.52
구연산	1.52	1.03	1.39	1.08	2.35	5.00 0.60
지방	20.5	9.07	17.9	8.12	15.7	58.2 6.79

농도단위 : 미리몰(mM) n = 26(시료의 수)
1992년 10월 18일부터 전자수

〈표 4〉 EO씨 모유의 성분농도 H-NMR분석
(1992.10.9출산)

사람 모두 8월의 모유농도가 차이 없이 고르게 저하하고 있는 경향을 나타내고 있지만, 이것은 더위에 따라 수분 섭취량이 늘어나는 관계가 있다고 생각할 수 있습니다.

더욱 이 모유의 농도 등의 상태에 관해서 주목해야 할 시기가, 출산 후 6개월 째 정도까지인 것은 말할 나위도 없습니다. 보통 그 시기로부터 이유식이 시작되고, 아기는 보다 적극적으로 모유 이외의 음식물에서 영양을 흡수하도록 되기 때문입니다.

참고로 다음 데이터도 보도록 하겠습니다. <표 5>, 이것은 마쯔시따가 독자적으로 협조를 얻은 하나입니다.

K Y씨는 38세로 초산을 하게 되었습니다. 어린 시절부터 편식이 심해서 약간의 영양불량으로 저혈압, 빈혈 경향이 있고, 그 외에 고령이 되어 초산이라는 것에 담당의 사에게도 충분한 주의를 받으며 출산했습니다.

그런데 그녀의 경우 임신에 이르는 1년 이상 전부터 생활수(음용 조리용)를 알칼리이온수로 철저히 사용했다고 하며

	1992년 12월	1993년 1월	2월	전체 평균	Max Min
n	2	3	1		331.1
유당	234.8	278.0	229.6	255.5	138.4
콜린	1.85	1.36	1.68	1.48	1.93 1.10
구연산	4.38	3.84	4.26	3.88	4.87 2.99
지방	21.2	8.05	7.35	12.3	29.2 7.05

농도단위 : 미리몰(mM)
n = 6(시료의 수)

<표 5> KY씨 모유의 성분농도
H-NMR분석

80

이미 임신했을 때에는 저혈압, 빈혈도 분명히 개선되었다고 합니다.

<표 5>는 1992년 11월3일에 남아를 출산한 후 12월~2월까지 데이터입니다. 지방에 대해서 전체로서 상당히 낮은 수치로 되어 있지만, 그 외의 수치는 평균 이상이라고 할 수 있습니다.

K Y씨의 아기는 이제 3세가 되려하지만, 아토피성 피부염 따위는 물론 만성질환도 없이 매우 건강하고 또 영리하게 잘 자라고 있습니다.

앞에 소개했던 K S씨와 E O씨의 아이들 역시 순조롭게 잘 자란다고 연락 받았습니다.

좋은 모유를 망치는 원인

이제까지와 다른 각도에서 '모유의 질'을 생각해 보려합니다. 산모(예비산모 포함)들이 약간 쇼킹한 사실에 놀랄지 모르지만, 아기의 건강한 발육(행복한 미래를 약속)을 원한다면 꼭 금지해야 할 일이 있습니다.

담배

담배를 피우는 것이 모유에 어떤 영향을 주는가를 언급하기에 앞서, 담배와 임신 관계에 대해서 알아보는

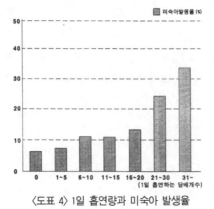

것이 좋을까 합니다.

임신중의 흡연이 태아의 발육을 저해하고, 체중이 가벼운 아기의 출산을 초래하는 것은, 이미 1957년에 심슨의 연구에 의해 보고되고, 그

〈도표 4〉 1일 흡연량과 미숙아 발생율

후에도 같은 종류의 보고가 수 없이 많습니다.

심슨에 의하면 1일 흡연량과 미숙아의 발생율에는 〈도표 4〉와 같은 관계가 있다고 합니다.

건강한 아기 출산으로 축복 받기 위해서는, 담배가 얼마나 커다란 장애가 되는가를 알 수 있겠지요?

임신중의 담배로 인한 해는 미숙아 증가만으로 끝나지 않습니다. 〈표 6〉에서처럼 자연유산, 조산(대조의 11~14퍼센트, 담배를 피지 않는 어머니의 경우), 사산이나 신생아 사망, 태아 기형까지도 초래하기 쉽습니다.

이러한 이상현상이 발생하는 메커니즘은 지금으로선 '이거다' 하고 명백하게 말할 수는 없습니다. 그러나,

1) 자연유산	1.2~2.0배
2) 조산	36~47%(대조 11~14%)
3) 사산, 신생아 사망	1.01~2.42배
4) 기형아 출산	2.3배(심장기형이 많음)
5) 태어났을 때의 체중	평균 200g 적음
6) 미숙아 출생	1.64~2.21배
7) 1년 이내의 조기 사망	2.84배
8) 돌연사 증후군	1.54배
9) 중추신경계의 장애	7세의 시점에서 기억력 저하

〈표 6〉 산모 흡연이 아기에게 미치는 영향

우선 담배연기 속에 포함된 니코틴에 의해서 혈관이 수축하고, 그 때문에 태반의 혈액순환장애가 초래되어 태아에게 가는 영양공급에 지장이 생깁니다. 또 담배연기 중에는 대단히 유해 가스인 일산화탄소가 포함되어 있어, 이것이 태반 기능에 영향을 줘 밴트비랜이라고 하는 물질에 의한 기형성 등도 생각할 수 있습니다.

어쨌든 임신중의 담배는 완전한 금연 외에는 다른 방법이 없습니다. 무척 다행한 것은 어머니란 정말로 위대하고 강해, 임신임을 알면 담배를 뚝 끊는 사람이 적지 않습니다. 담배가 지닌 강한 습관성도 모성의 강한 사랑 앞에서는 별 방법이 없는 것입니다.

그러면 담배와 모유의 문제를 풀어 봅시다.

우선 뚜렷한 것은, 수유기에 어머니가 담배를 피우면 담배로 인해 혈액 속에 들어간 니코틴은, 소량이라도 반드시 모유 속으로 파고든다는 것입니다. 이것은 널리 인정되고 있는 사실입니다.

그러면 그 모유중의 담배가 아기에게 어떤 영향을 주는 것일까요? 비스담의 1973년 연구보고에 의하면, 하루에 20개피 이상 담배를 피우는 어머니의 모유를 먹는 아기에는 불면, 설사, 구토, 맥박 불안정, 순환장애 등의 증상이 나타난다고 합니다.

그 후 다른 연구에서 하루 피우는 담배가 20개피 미만인 어머니는 모유 중의 니코틴 농도가 아기에게는 영향을 줄 정도가 아니라고 하는 보고도 나와 있습니다. 따라서 일반적으로는 20개피 이하의 흡연량인 어머니라면 일부러 수유를 금할 필요는 없을 것으로 되어 있지만 그러나 한번 더 잘 생각해 봅시다.

'20개피 이하라고 수유를 금할 필요는 없다고 한 것은, 20개피 이상 피우는 어머니의 모유는, 아기에게 있어서 명백하게 유해하다' 라고 하는 결론일 수 있습니다.

더욱 갓난아기(어린이 모두)는 예컨대 모유에서 니코틴 해를 받지 않는다고 해도, 집안에 담배 연기가 자욱하면 더 나쁜 영향을 받는 것은 확실합니다. 이에 관해서는 카메론의 연구 '부모의 끽연과 소아의 호흡기 장애' 보고가 소아의 간접 흡연은 사망률, 발육장애, 돌연

사 증후군 등과 관계 있는 수없이 많은 보고가 있습니다.

알코올

태아성 알콜증후군(FAS)이라고 하는 말이 있습니다.
이것은 심하게 말해 태아 때 이미 알코올중독 된 증상
이 아기에게 나타나는 현상입니다.

<표 7>에서 하나 하나 항목을 잘 읽어보면 얼마나 심
각한 증상인가를 알 수 있습니다. 미국에서는 아기
1,000명이면 1, 2명에게서 이 태아성 알콜증후군(FAS)이
발견되고 있습니다.

물론 이만큼 심각한 증상의 아기를 낳은 어머니는 상
당한 양의 알코올을 마시고 있었던 것이 틀림없습니다.
그러나 계속 많은 양의 알코올을 마시지 않아도, 임신
초기에 상당량의 알코올을 마시면 이 증상이 나타날 수

3가지의 이상(異常) 현상

1. 출생전 혹은 출생후의 발육이상
2. 중추신경계의 장애
3. 특징적인 안면의 기형
    ① 소두증(小頭症)
    ② 소안구증 혹은 단아검열
    ③ 인중형증 부전 또는 윗입술이 얇아지거나 상부 턱에 이상이 생김

〈표 6〉 FAS의 진단기준

있습니다.

　FAS의 아기는 생후 6시간에서 8시간 정도가 되면 알코올 거부증상이 나타난다고 하니 참으로 비참한 일이지요. 진전(무의식적으로 머리, 손, 몸에 불규칙적으로 일어나는 근육운동), 익자극성, 긴장항진, 다호흡, 경련, 발작, 복부팽만, 구토 등의 증상은 틀림없이 알코올중독의 거부증상에 비유되는 것입니다.

　말할 나위도 없이 FAS의 아기에게 나타나는 거부증상은, 일체 본인의 책임이 아닙니다. 알코올에 의지하지 않을 수 없는 어떠한 이유가 있었다고 하지만 그것은 모두 산모의 책임입니다.

　FAS의 증상까지 염려할 정도가 아니라 해도 알코올중독의 어머니는 자연유산(보통의 2배), 선천성 기형(4배), 신생아 가사상태(新生兒假死狀態·1.5배) 등의 심각한 현상이 나타납니다.

　알코올음료, 즉 술이란 정말로 어쩔 수 없는 음료입니다. 우리들이 결코 싫지 않기 때문에 결코 마시기를 포기 할 수가 없습니다. 단지 한 잔 한다는 생각으로 시작한 술이 언제 비틀비틀하게 될 정도 마시는 것이 알코올의 마력입니다.

　따라서 임신을 알게 되면, 아니! 임신의 가능성이 있

는 여성은 알코올을 삼가도록 해야합니다. 물론 마시지 않는 것이 최선입니다!

그러면 젖을 먹일 때는 어떨까요? 실은 이것도 대단한 문제입니다.

모유 알코올 농도는 혈중 알코올 농도와 거의 같다는 것을 알 수 있습니다. 즉 술을 마시고 만취(혈중 알코올 농도가 높은 상태)한 어머니의 모유를 먹는 아기 역시 크게 취하게 됩니다.

이러한 일이 매일이라면 혈액에 리포 단백 농도가 증가하는 병이 발생하거나 체중의 증가, 신장저하, 원형안모 등의 심각한 영향이 있다는 보고도 있으며, 어머니가 만취하여 수유가 한 번이라고는 하지만, 급성 알코올중독(깊은 잠, 호흡수 감소, 맥박의 저하) 등을 일으킬 수 있습니다.

물론 수유기라도 소량의 즐거운 알코올이라면 문제가 없겠지요. 오히려 매일 밤낮을 가리지 않고 바쁘게 아기를 돌보는 피로를 다소라도 해소해 줄지 모릅니다. 그러나 어디까지나 적은 양이어야 합니다.

술을 좋아하는 사람이 이런 말을 해서 설득력이 있을지 모르겠습니다. 또 남자들이 제멋대로 이야기라 해도 설명할 여지가 없습니다.

부디 아기 엄마들에게 부탁합니다. 알코올은 어떠한 일이 있어도 절대 멀리해 주시기 바랍니다.

카페인

커피, 홍차, 녹차, 콜라 등 우리들 주변에는 카페인을 포함한 음료가 수없이 많습니다. 그런데 임신중인 여성들은 이러한 음료에 대하여 각별한 주의를 기울이지 않는 분이 많습니다.

담배

임신중, 수유기도 위험

알콜

생후 6~8시간에
알콜 FAS금단현상이 나타난다

카페인

커피   콜라

홍차   녹차

태아의 혈관 수축→미숙아 증가

약물

임신중, 수유기에
태아에게 영향을 미친다

〈그림 7〉 좋은 모유를 저해하는 원인

카페인은 뇌나 심장근육의 신진대사를 촉진시키며 이 뇨작용이 있습니다. 따라서 이런 것을 다량으로 마시면 불안, 흥분, 환각, 진전, 부정맥 등 현상을 일으킵니다.

또 카페인은 태반을 간단히 통과하기 때문에 양수나 태아에게도 영향을 준다고 생각할 수 있습니다. 동물실험에 있어서는 카페인에 의해 기형 발생이 보고되어 있지만 인간에게는 아직 그러한 보고는 없습니다.

그러나 산모의 혈액 중에 카테콜아민을 증가시키기 때문에 태아의 혈관수축을 초래하고, 저체중아의 증가를 초래한다고 하는 의견이 있습니다.

모유에 대한 영향이 있다고 하는 것이라면, 그다지 염려는 없을 것이라고 하는 것이 일반적입니다. 즉 산모 혈액중의 카페인은 모유 속에도 분비되기는 하겠지만, 그 농도가 낮기 때문에 아기에게 직접 영향을 줄 수는 없을 것이라는 것입니다.

그러나 다량의 커피(하루 20잔정도)를 마시는 어머니에게 수유된 아기에게서 안정되지 못하고 불안해하는 증상이 인정되는 보고가 있습니다.

태어난 지 얼마 안된 아기에게서는, 카페인의 반감기(대사배출이 되어 혈중농도가 절반으로 될 때까지의 시간)가 어른의 17배까지나 된다고 하는 것도 생각해 두어야 할 것입니다. 역시 임신중이나 수유 중에는 카페인 음료를 가능한 적게 마셔야 합니다.

약물

오까야마현의 가와사끼 의과대학 소아과 교수 모리다 박사는 '모유의 문제점에 대한 새로운 식견--모유와 약물'의 연구보고 첫머리에 다음과 같이 기록하고 있습니다.

'수유중인 어머니에게 투여된 약물은 양의 다소에 다르기는 하나, 대부분 모유를 통해서 유아에게 전해지는데, 다량 또는 장기간의 복용이 아닌 한 유아에게 문제를 일으키는 것이 적다고 되어왔다. 그러나 소량이나 단기간의 사용이라도 유아에게 악영향을 주는 약물의 사용에 있어서는 주의가 필요하다.'

즉 수유 중에 약을 먹는 것은, 소량이고 단기간이라 해도 아기에게 영향이 없다고 할 수 없으므로 특히 주의할 필요가 있다는 것입니다. 여러분도 잘 아시는 것처럼 임신중의 약물투여에 관해서는 의사도 대단히 주의 깊게 대응하고 있습니다.

또 여러분도 어쩔 수 없이 복용해야 할 약이 있다고 하면 그 약이 태아에게 미치는 영향에 대해서 대단히 심각하게 생각하겠지요. 말할 나위 없이 일반약국에서 파는 약이라고 해도 아기에게 영향이 염려되는 것에는 그 뜻이 설명되어 있습니다. 그러나 수유기가 되면 임신만큼 신중하게는 되지 않을지 모릅니다.

어쨌든 임신·수유기를 통해서 약에는 충분한 주의를 기울이는 것이 원칙입니다. 그렇기는 해도 어머니의 몸을 지키기 위해 아기에게 미치는 영향에 대한 걱정·불안을 안고 복용해야 하는 때도 있습니다. 그러한 점에 대해서는 담당의사와 충분히 상담해서 따라야 합니다. 거듭거듭 미숙한 판단은 피할 것! 이는 아기의 생명을 맡은 어머니로 꼭 지켜야 할 원칙입니다

우유는 '완전영양식품' 이 아니다

화제를 바꿔 임신중의 영양보급, 수유 중의 영양상태를 생각할 때 당신이 첫째로 생각나는 식품이라면 무엇일까요? 아마도 우유가 아닐까요?

가난했던 우리는 서양의 수준 있는 문명생활을 동경해 왔습니다. 그 문명 생활의 상징이 한때 우유였던 시절도 있었습니다. 50년 간 우유는 '완전영양식품'의 대표로서 장려되어 왔고, 임산부나 수유 중의 어머니에게도 역시 '많이 마시세요!'라고 장려되어 왔습니다.

미시마 산부인과의 조사를 보면 임산부와 수유모 여러분은 아주 열심히 우유를 마시는 경향으로 나타났습니다. 출산 후 모유를 잘 나오게 하고 싶어서 꽤 다량의 우유를 마시는 어머니만해도 20퍼센트 이상에 달했습니다.

그러나 우유는 정말로 '완전영양식품' 일까요? 우유를 많이 마시는 것은 태아에게도 좋고 또 모유에도 좋은 영향을 주는 것일까요?

'아니다' 라고 이것을 부정하는 강력한 주장을 소개합니다. 우리들은 우유의 뛰어난 장점까지도 부정할 마음은 없습니다. 그러나 '우유는 완전영양식품이다' 라는 맹신은 요즈음같이 마시려면 '얼마든지 우유를 마실 수 있다' 는 풍부한 이 시대에 매우 바람직하지 않은 결과를 초래하기 때문입니다.

이와사 씨는 임상심리 전문가입니다. 이분은 임상심리사지만 영양학전문가는 아닙니다. 그러나 여러 병원의 임상심리원으로 많은 어린이 문제와 질병의 임상 예에 접하고, 그 후 '루나 어린이상담소'를 설립하여 많은 경험을 통하여 '어쩐지 우유는 의심스러워' 라는 생각으로 연구를 거듭해 왔습니다.

그녀는 연구를 계속한 결과, 저서 「우유는 완전영양식품이 아니다」를 출간했습니다. 그 내용은 우리들 의견과 대단히 일치하고 있습니다.

그래서 「우유는 완전영양식품이 아니다」의 내용을 참고로 이야기를 진행하기로 합니다.

그녀의 저서 서문을 보면

일본에서 세계 제2차대전후에 소비가 급격히 증가한 것 중에 하나로 우유가 있습니다.

이것은 전쟁 전 밥과 된장국에 야채·생선이 중심이던 일본의 식사 결점을 보완하는 음식물로 우유를 마시면 좋다고 장려되었기 때문입니다.

특히 임산부나 유아에게 있어서는 뼈를 만드는 칼슘이 듬뿍 포함되어 있고, 단백질과 지방도 있기 때문에 성장에는 빼놓을 수 없는 식품이므로 매일 마시게 해야한다고 했습니다.

보건소에서도 임산부의 전기에는 200cc, 후기는 400cc, 수유기 일 때는 400cc, 유아기는 100cc 이상, 가능하면 400~500cc는 마시도록 지도했습니다.

이러한 지도를 받은 어머니 중에는 우유를 안 마시면 아이들이 발육하지 못하는 것 같이 믿는 사람도 있습니다.

　심지어 우유만 마시면 모든 영양은 충분하다고 확신하는 사람도 있고, 2, 3세까지 우유만으로 키우고 있는 어머니조차 있는 것입니다. 그런데 이러한 우유신앙에 의해서 키워진 어린이 중에는 전혀 말을 하지 못하는 경우가 수없이 많이 나타나고 있어, 우유에는 무엇인가 문제가 있는 것이 아닌가 하는 것입니다.

　이 글 중에는 몇 개의 중요한 포인트가 있듯이 그녀의 주장은 명확합니다. 우유가 반드시 나쁘다고 말하는 것은 아니지만 우유는 그것만을 마시면 충분한 '완전영양식품'이 아니고, 다량으로 마시면 폐해도 있다는 것입니다. 더욱 현재 극히 일반 시중에서 시판되고 있는 많은 우유는, 본래의 우유로서 가치가 없다는 것을 알아야 한다고 강조하고 있습니다.

우유는 대부분 고온살균 제품이다

　아기를 무사히 출산한 어머니라면 누구라도 이 아이를 건강하고 행복하게 기르고 싶을 것입니다. 그것을 위해 노력을 게을리 하는 어머니가 어디 있을까요? 그러나 힘들인 노력이 방법이 잘못된 것이라면, 하면 할 수록 나쁜 결과를 초래할 수도 있습니다.

모유가 잘 나오지 않아 우유를 많이 마시는 어머니가 있습니다. 모유 대신 처음부터 우유를 먹게 하는 어머니 마저 있습니다.

이러한 발상은 무지한 짓이라는 것을 상기하십시오. 무엇보다도 우유란 '소의 젖'일 뿐입니다. 송아지가 필요로 하는 영양소는, 인간이 원하는 것과 다릅니다. 이것은 어떤 동물이 되건 그렇습니다. 염소의 젖, 고양이, 햄스터 등 모두 그 동물의 새끼들에게만 알맞은 성분으로 되어 있을 뿐입니다.

어쩔 수 없이, 그 외의 대용이 없을 때 같은 포유류의 젖이기 때문에 차선의 선택입니다. 그러나 다른 것도 선택할 수 있는데 맹목적으로 의지해서는 안됩니다. 하물며 우유는 결코 '완전영양식품이 아닙니다'.

현재 수퍼마켓 등에서 팔리고 있는 우유의 대부분과 학교 급식에 배급되는 우유의 대부분은 '고온살균'한 제품이 위세를 부리고 있다는 것을 알고 계신지요. 당신의 냉장고 속에 있는 우유를 확인해 보시지요. 이미 이 문제를 알고 '저온살균'한 제품을 선택할 사람인 경우를 별도로 하면, 냉장고 속의 우유팩 등에는 '130℃ 2초 살균'이라고 기재되어 있을 것입니다.

이 고온살균=130℃의 2초 살균이라고 하는 점에 먼저 문제가 있습니다. 일본에서 이 살균방법에 의한 우유가 시판된 것은 1961년의 일이었습니다. 그 이전의 우유는 뒤에 이야기할 저온살균을 경과하여 제품화된 것이었습니다.

중년 이상이라면 생각날지 모르겠습니다. 어린 시절에 마신 우유는 지금 우유와 비교해서 무척 맛이 있었습니다. 지금처럼 간단하게 다량으로 마실 수 없는 귀중한 것이었기 때문에 더욱더 맛있게 느껴졌다고 하는 면도 있을 겁니다. 지금도 고온 살균한 우유와 저온 살균한 것을 비교해보면 저온 살균한 우유 쪽이 훨씬 맛있다는 것을 금방 알 수 있습니다.

이 "맛이 있다"라고 하는 말의 의미는 결코 가볍지 않습니다. 정말로 맛있다, 인간 본래의 정확한 미각이 판단하는 맛은 그대로 몸에 있어 곧 좋은 것이라고 하는 척도인 것입니다.

그런데 고온살균은 '130℃ 2초 살균'이라고 되어있지만, 사실은 그렇지 않습니다. 확실히 130℃의 상태는 2초간 밖에 유지하지 못하게 하는 것인데, 상온의 우유를 갑자기 순간적으로 130℃라고 하는 고온으로 할 수 있는 것이 아니라는 것쯤은 상식적으로 생각해도 바로 알 수 있습니다.

그러면 일반 메이커의 우유 가공공정은 어떻게 해서 '고온살균'이 행하여지고 있는 것일까요?

우선 목장에서 냉장으로 운송되어 온 원유를 10초 정도 가열해서 85℃로 합니다. 이 85℃를 280초 즉 5분간 약하게 유지해 놓은 후, 더욱 가열해서 130℃로 높여 거기서 2초간 유지한 후에 온도를 떨어뜨리는 것입니다. 어떻습니까?

고온살균의 우유란 총 5분 정도 부글부글 끓인 것과 같이 '가공된 우유'라는 것입니다.

고온살균 우유는 영양분이 파괴되어 있다

이렇게 고온으로 장시간동안 처리하는 사이 우유의 내용에 중대한 변화가 생겼습니다. 우선은 단백질인데, 단백질 중에서도 물에 녹아있고 소화흡수가 좋은 'Wheyprotein'의 75~80퍼센트 정도가 변해 버렸습니다. 이것은 면역 글로블린(동물 혈청)이나 알부민(단순 단백질) 등 성분을 함유하고 있고, 그 성분으로 우유를 마시면 면역력이 높아진다라고 설명하는데 가열에 의해서 그것이 변해 버린 것입니다. 따라서 고온 살균한 우유를 마시는 것으로 면역력을 높이는 효과는 기대할 수 없다고 해야 합니다.

또 칼슘과 결합해 있는 단백질인 카세인(건락소)도 일부 변하고, 단백질의 구성요소인 리진(필수아미노산의 일종)이나 메티오닌(황을 함유한 아미노산)이나 시스틴이라고 하는 아미노산도 줄어버립니다. 그래도 그 외 아미노산은 줄지 않기 때문에 괜찮겠지 하고 생각한다면 큰 실수! 인간의 체내에서 합성할 수 없는 아미노산은 8종류가 있습니다만, 그 8종류의 아미노산을 균형있게 함유하고 있는 식품이야말로 진정한 양질 단백질 식품입니다.

간단하게 말해 체내로 들어간 8종류의 아미노산은, 그 8종류에서 더욱 양이 적은 아미노산으로밖에 이용할 수 없기 때문입니다. 따라서 아미노산 중의 무엇을 빠뜨린 단백질 식품은, 이용효율이 나쁜 식품이라 합니다.

고온 살균한 우유는

고온살균 우유
130℃ 2초간

영양분이 대부분 파괴되었다

140℃로 열처리

*장기간 마실 수 있는 롱라이프 우유는 더욱 안된다

저온살균 우유
60℃ 30분간

잡균은 살균하면서 영양분의 대부분은 파괴되지 않는다

〈그림 8〉 우유는 고온에 영양분이 파괴되어 있다.

바로 그러한 식품이라고 할 수 있습니다.

여기서 굳이 설명을 피해도, 'Homogenized (균질화한)' 라고 하는 가공이 필요하게 되는 것도 고온 살균을 하는 필연적이라는 이유를 알아두십시오. 이 균질화에 의해서 지방분자나 단백질 분자는 물리적으로 절단되고, 이 것에 의해서도 우유의 질은 저하합니다. 다시 말하면, 원유 중에는 함유되어 있는 비타민C, 비타민D, 비타민E 등도 가공과정에서 거의 파괴됩니다.

이러한 모두를 종합하여 보면 '현재 시판되는 고온 살균한 우유는 우유의 시체고, 단백질의 찌꺼기(Scum)입니다' 라고까지 표현하는 전문가가 있습니다.

'그래도 칼슘이 부족하다고 하는 사람에게 있어서 우유는 중요한 칼슘원이 아닌가' 라는 의견도 있을 것 같습니다.

그러나, 고온 살균된 우유 중의 칼슘은, 본래의 우유처럼 소화흡수가 신속한 칼슘은 없어져 버렸습니다. 원유 중의 칼슘은 40퍼센트 정도가 물에 녹아 있어 소화흡수하기 쉬운 칼슘이며, 그 밖의 60퍼센트는 콜로이드 상태(그대로 소화흡수하기에는 칼슘분자가 너무 크다)로 분산되어 있습니다. 그런데 가열과정에서, 모처럼 물에 녹아 있는 칼슘이 콜로이드상태로 변화하고, 물에 녹아있는 양의 40퍼센트 가까이나 줄어듭니다.

여기까지 읽어주신 분에게 제안해보겠습니다. 만약 가능하면 지금 바로 수퍼마켓의 우유매장을 체크해 보십시오. 그 매장에는 '상온 보존할 수 있음'라고 표기된 밀크팩도 발견될 것입니다. 이것은 보통 고온살균보다도 더욱 높은 140℃의 열로 처리된 우유입니다.

이만큼의 고온처리를 거친 것으로는 카세인(Kasein)과 결합된 칼슘의 일부가 인산칼슘으로 변화합니다. 인산칼슘이란 우리들 뼈 속의 칼슘과 같은 상태입니다.

예를 들면 생선뼈를 물에 담가 놓아봅시다. 칼슘이 녹아 나올까요? 아마도 미세한 분량은 녹아 나올지도 모릅니다만, 대부분은 뼈 형태 그대로입니다. 뼈로서 조직화된 인산칼슘이란 도저히 물에 녹지 않는 칼슘입니다. 그렇기에 뼈는 화석으로서 몇 천년, 몇 만년의 세월을 거쳐도 끄떡없이 남는 것입니다.

우리들이 소화 흡수하는 것은 기본적으로 물에 녹는 물질이라는 것을 알아두어야 합니다. 장(腸)은 모든 영양소를 물에 녹인 상태, 즉 수용액으로서 흡수하는 것입니다. 다시 말해, 물 없이 또한 물에 녹지 않는 물질은 우리들이 흡수하고 이용할 수 없다는 것입니다.

〈그림 9〉 우유를 너무 많이 마신 어린이는 언어능력의 저하와 알레르기성 체질이다.

우유를 많이 마신 어린이는
언어능력 저하 · 알레르기 체질

앞에 소개한 「우유는 완전 영양식품이 아니다」의 이와사 씨는 임상심리사로, 심리 발달로 문제를 일으키는 많은 어린이들을 접하여 왔습니다. 그러한 경험 중에서 유아 때부터 다량의 우유를 마셔온 어린이들에게는 아무래도 심리적 발달에 문제가 발생하는 경향이 있다는 것을 알게 되었습니다.

저자는 그 이유 중의 하나로 우유의 영양면에 관해 언급합니다. '즉 우유는 본래가 송아지에게 필요한 영양소 덩어리며, 그것을 다시 거듭 열처리한 결과, 아기 발달에 필요한 영양소가 부족하다'라고 경종을 울리고 있습니다.

또 우유를 너무 마셔서(먹게 해서) 그 밖의 딱딱한 물질을 먹는 분량이 적게 된 아이는, 혀나 입의 운동능력 발달이 늦어지고, 그 탓으로 말하기 위한 운동신경 발달도 늦어져 부모나 주위 사람과 충분한 커뮤니케이션을 갖지 못할 가능성이 있다고 지적합니다.

그녀는 저서 중에서 알레르기 질환과 우유와의 관련에 대해서도 다음과 같이 말하고 있습니다.

수유 중에 어머니가 400cc 이상의 우유를 마실 경우, 그 어린이에게 아토피성 피부염, 습진을 흔히 볼 수 있습니다. 이것은 잘 소화되지 않는 우유의 단백질이 모유를 통해 아기에게 주입되어 알레르기를 일으키는 것입니다.

또 아기에게 볼 수 있는 지루성 습진은 어머니가 우유를 마시다가 중지하면 깨끗하게 치유됩니다. 이것은 잘 소화되지 않은 우유의 지방이 모유를 통해 아기가 섭취하게 되는데, 아기는 이 지방을 소화할 만한 기능이 아직 발달하지 않았기 때문에, 피부로 솟아 나와 노란 딱지처럼 되는 것입니다.

알레르기란 어떤 의미에서 자신의 몸과 이질적인 단백질에 대한 반응이라고 설명할 수 있습니다. 즉 자기의 몸으로 받아들일 수 없는, 때로는 해가 되는 단백질을 밖으로 내보내려는 반응입니다.

모유를 많이 나오게 하고자 아기 엄마가 일반 판매되고 있는 고온 살균된 우유를 많이 마시는 것은, 어머니 몸 속으로 들어가는 '인간에 있어서는 이질적인 단백질'을 아기에게 모유를 통해서 먹게 되는 것입니다.

저온살균 우유가 귀한 이유

그런데 시중에는 고온살균 우유만 아니라 저온살균 우유도 판매되고 있다는 것을 기억하십니까. 저온살균 우유는 고온살균 우유만큼의 폐해는 적습니다. 물론 도를 지나치게 다량으로 마신다면 그다지 좋은 결과는 안되지만, 적당한 양을 마시려면 저온 살균한 우유를 선택해야할 것은 말할 필요가 없습니다.

우유를 저온으로 살균하는 방법은 유럽에서 오래 전부터 행하여왔습니다. 일본에서도 1961년에 고온살균이 널리 도입되기 이전에는 모두 저온살균이었습니다. 우유매장에서 눈을 크게 뜨고 찾으면(시장 유통율에서 우유 전체의 3% 이내) 저온살균을 했다고 하거나, '63℃ 30분 살균'이라고 기재된 우유가 있습니다.

이 살균법은 프랑스의 유명한 세균학자 파스퇴르가 고안한 방법입니다. 이 살균법이 Pasterized라든가 파스테리제이션 등으로 불리는 것은 그 때문입니다.

일찍이 유럽에서는 원유를 그대로 마셨기 때문에 자주 병에 감염되었습니다. 그래서 원유 중의 세균을 살균하는 방법으로써 고안된 것이 저온살균이었습니다.

파스퇴르는 여러 가지 시행착오를 되풀이한 것이 틀

림없습니다. 왜냐하면 우유의 영양소를 파괴하는 일없이 세균을 죽이는 것은 무척 곤란한 일이기 때문입니다. 그러나 열심히 노력하는 성실한 연구자는 반드시 어떠한 난문제도 해결할 수 있는 것입니다.

파리의 파스퇴르연구소에는 지금도 그 이름을 남기고 있는데, 그는 우유를 63℃까지 가열해서 30분간 유지했을 때, 우유 중의 세균 99퍼센트가 사멸되었으나 단백질이나 지방, 비타민, 미네랄 등의 영양소는 거의 영향을 받지 않는 것을 알았습니다.

아니, 미세한 영양분석의 기술은 현재만큼 발달되지 않은 19세기의 일이었으니까, 그처럼 상세한 것은 알 수 없었을 것입니다. 그러나 맛이 변하지 않고, 또 그 후에 유제품으로써 가공함에도 내용 성분이 변하지 않는 것 등이 확인되었음에 틀림없습니다.

우리들은 처음 우유 맛에 둔감했을 것입니다. 그리고 어느덧 '결코 맛없는' 고온 살균한 우유 맛에 익숙해져 버렸습니다. 그러나 옛부터 우유의 참 맛을 알고있는 만큼 유럽 사람들은 지금도 저온살균 우유를 주로 이용하고 있다고 합니다.

그런데 저온 살균한 우유는 맛, 영양 등 모든 면에서 고온살균보다 뛰어난데, 어째서 고온 살균한 우유만 팔리게 되는 것일까요?

불가사의하다고는 생각하지 않으십니까?

그 이유는 실로 의외일 정도, 아니 맥이 탁 풀릴 극히 간단한 곳에 있습니다. 즉 저온살균은 가공하는데 시간과 노력이 필요하여 생산효율이 아주 나쁘기 때문입니다. 다시 말하면 비용이 무척 많이 들어서 입니다.

저온살균에서는 이중 가마솥을 사용하는데, 안쪽의 가마솥에 우유를 넣고 바깥쪽 가마솥에는 더운물을 넣어서 우유의 온도를 높여갑니다. 그렇게 중탕하는 방법으로 63℃까지 높입니다. 그리고 그 온도를 30분 보존하는 것입니다.

이것은 고온살균처럼 컨베이어 시스템으로 할 수 있는 가공이 아닙니다. 수공업적이고 비능률적이나 이윤추구가 최우선되는 기업논리에 맞지 않기 때문입니다. 따라서 고온 살균한 우유가 판치는 것은, 적어도 경제이익을 최우선으로 하는 기업으로서는 당연한 결과입니다.

정말로 국민의 건강과 행복과 미래를 생각하는 기업이라면 결코 고온 살균한 우유는 생산하지 않을 것입니다.

왜 우유를 마시면 뱃속이 부글부글 끓을까?

어떻게 하면 저온살균한 우유의 유통량을 늘릴 수 있을까요?

이것은 아주 간단합니다. 저온 살균한 우유는 약간 비쌉니다. 그러나 영양으로 말하면 고온 살균한 우유와 비교할 수 없을 만큼 훨씬 높다할 수 있습니다. 즉 영양 면에서 본다면 고온 살균한 우유보다도 훨씬 싸다고 할 수 있습니다.

그렇다면 이제부터 당신은 저온 살균한 우유를 사도록 하시지요.

기업윤리란 극히 단순합니다. 팔리는 제품만 만들어냅니다. 보다 많은 분들이 저온 살균한 우유만을 찾는다면 고온 살균한 우유의 시장 점유율은 점차 저하될 수밖에 없습니다.

저온 살균한 우유는 1일 200cc만 마시면 충분합니다. 어머니도 어린이도 함께 말입니다. 그 이상의 양을 마시면 영양 보급보다도 폐해가 걱정되는 것은 고온 살균한 우유와 비슷하다고 할 것입니다.

동남아시아 민족은 본래 이유기가 지나면 젖을 필요치 않습니다. 젖을 필요로 하는 것은 우리처럼 양질의 단백질을 음식으로부터 섭취할 수 없는 사막에 사는 사람들뿐이었습니다.

조금 상상력을 발휘해 신선한 생선, 고기, 야채, 곡류 등으로부터 혜택 받지 못한 사람이나 유목민들은, 함께 사육하는 양이나 말의 젖에서 밖에 단백질을 얻을 수가 없었습니다.

인간(생물)의 몸이란 정말로 완벽하게 만들어진 것이라고 생각합니다. 단백질을 동물의 젖에 의지하지 않으면 안되었던 사막 유목민들은, 젖을 효율 높게 분해하는 소화효소를 몸 속에 지니고 있습니다. 그러나 젖을 필요로 하지 않는 식생활을 해오는 우리들은 그런 효소를 지니고 있지 않습니다. 우리들은 유당부내증(乳糖不耐症)이라고, '젖을 분해하는 효소를 지니고 있지 않는 민족' 인 것입니다.

우유를 마시면 어쩐지 뱃속이 부글부글 끓는다, 설사를 한다, 그런 사람이 적지 않은 것은 그 때문입니다. 결코 장이 약하기 때문이 아닙니다. 그런 사람의 몸은 몸 자체에서 우유가 필요 없으므로 가능한 한 빨리 밖으로 내보내고자 하는 것입니다.

우유를 많이 마시면 모유가 잘나올까?

자! 한 번 더 극히 본질적인 이야기를 해 보기로 합

시다.

만약 우유가 '참된 완전영양식품' 이였다고 해도, 그것이 완전영양인 것은 이유기까지의 송아지에 있어서의 일입니다. 이유기에 접어들면 송아지까지도 우유의 영양만으로는 순조롭게 자랄 수 없게 됩니다. 하물며 만물의 영장인 인간의 자손이라면 한층 더한 일이 아닐까요?

다시 말하면, 이미 이유기를 20년 이상이나 지나간 어른에게 있어서 우유가 완전영양식품일리가 없습니다. 우유는 어린이나 어른에게 있어서도 영양보조식품 밖에 안 되는 것입니다.

그래도 아직 납득할 수 없는 분이 있을 것으로 알고 있습니다. 분말우유 보다도 생우유 쪽이 더 좋을 것이라고 생각한 분도 있을 것입니다.

예전에 아기를 위한 인공 영양인 우유는 다방면으로부터 비판되었던 시절이 있었습니다. 그러한 비판을 받으면서 현재의 분말우유로 개선이 많이 되었습니다.

분말우유는 우유를 주재료로 하는 가공과정에서 일단 여러 가지 미네랄을 제거하고 새롭게 조제하여 필요한 미네랄을 첨가하고 성분을 조절합니다. 가공과정에 있어 1984년에는 아기의 뇌 발달에 꼭 필요한 미네랄 성분인 아연과 동을 넣도록 되었습니다.

그렇다하지만, 현재의 일반적인 우유 분말제품의 성분을 분석해 보았더니 셀렌, 코발트, 니켈, 몰리브덴 등의 미량 필수 미네랄은 들어있지 않다고 합니다. 따라서 분말 우유는 아직까지도 모유에는 미치지 못하는 것이 사실입니다.

모유는 아기에게 우유보다 훨씬 고마운 영양원이라는 것을 잊지 말아주십시오.

그래! 소중한 것을 잊고 있었습니다.

그러면 어머니의 젖이 우유에 의지하지 않고 게다가 풍부하고 자양분으로 가득하게 나오게 하려면 어떻게 하면 좋을까요? 이것에 대해서는 이와사 씨는 이렇게 기술하고 있습니다.

우유를 대량으로 마신다면, 모유도 많이 나올까! 라고 하면 그렇지는 않습니다.

어느 쪽인가 하면 밥이나 감자 등의 탄수화물을 많이 먹는 편이 모유를 많이 나오게 합니다. 더 재미있는 것은 어머니가 취하는 칼로리를 줄이는 편이 모유를 많이 나오게 하는 경우도 있습니다.

위 글에 관해서 단편적인 해석을 하지 않도록 조심해 주십시오. '칼로리를 줄이는 것이 모유가 나온다' 라고 말하는 것이 아니라, 그러는 편이 모유가 나올 수 있다고 하는 것입니다. 이것은 '나오지 않으면' 하는 초조한 마음에서 칼로리의 과잉 섭취를 하는 어머니가 적지 않다는 것으로, 그에 대한 경종으로 받아들입시다. 그러면, 우유에 의지하는 일 없이 그 외에 풍부하고 자양분으로 가득한 모유를 나올 수 있게 하려면 어떻게 하면 될까요? 이 근본은 극히 간단합니다.

좋은 모유를 위해 하루 30가지 식품을 먹는다

후생성이 말하는 '1일 30품목' 의 식사를 실천해 보세요. 이것은 하루 30종류의 메뉴를 먹으라고 하는 것이 아니라, 요리의 소재로써 매일 30종류의 식품 소재를 사용하도록 하는 편이 좋다고 하는 의견입니다.

가공한 식품, 인스턴트식품 등은 가능한 한 배제하도록 하고 유기농법에 의한 야채류, 감자류, 콩류, 해초류, 곡류, 육류, 어패류 등을 골고루 사용합니다. 육류제품이 과잉인 요즘 식생활에서 야채류나 어패류에 중점을 두는 편이 좋고 어제와 오늘, 또 내일에는 될 수 있는 대로 다른 소재를 사용하여 요리해 먹는다면 극히 자연스

예를 들면 아침식사만도
14품목이 가능하다

쌀밥: 1품목

멸치 다시마 된장 3종류의 조개류

된장국: 6품목

계란 파 청국장

청국장: 3품목

참깨

다랑어

시금치

김: 1품목

무침: 3품목

〈그림 10〉 하루 30가지 식품을 꼭 먹도록 한다.

런 영양밸런스가 되는 것입니다.

힘들고 귀찮다고요?

어쩌면 요리를 싫어하는 분에게는 대단한 일인지 모르겠습니다. 야채, 감자, 콩 따위는 요리하는데 시간과 정성이 들어가야 하니까.

그러나 요리를 싫어한다는 것은, 말 그대로 건강 의식이 낮음에 직결한다는 것으로 알아야합니다. 더구나 품속에 귀여운 아기에게 영양을 줘야 할 엄마가 어떻게 요리를 싫다고 할 수 있을까요?

'1일 30가지 종목'을 간단하게 실천할 수 있는 방법이 있습니다.

첫째 '재료가 많이 드는 된장찌개'입니다. 된장국에는 최저 3종류의 부재료를 넣고, 화학조미료를 사용했다고 해도 3종류의 재료+된장으로 4품목을 먹을 수 있습니다. 만약 마른 멸치와 다시마로 국을 끓이고 거기에 말린 멸치와 다시마를 함께 먹으면, 이것만으로 벌써 6품목이 됩니다.

또 밥과 계란, 잘게 썬 파를 넣은 계란찜을 합치면 새로이 4품목입니다. 어떻습니까? 여기까지 합계 10품목이 되지 않습니까? 이렇게 조리한다면 1회의 식사에 10가지 품목을 먹는 것은 쉬운 일입니다. 따라서 하루에 3

회, 또 오후 3시에 먹는 간식이나 가벼운 밤참을 한다면 30품목 정도는 매우 수월하게 달성할 수 있습니다.

어떻습니까? 쉽게 할 수 있지요. 만약 가공 식품만 의지하거나, 정성을 들이는 야채 등의 요리를 싫어한다면 결코 좋은 결과가 나올 수 없습니다. 하지만 당신은 사랑하는 아기의 어머니, 이젠 걱정이 없지요. 아주 조금 정성을 들이는 일에 귀찮아하지 않으리라고 믿습니다.

여기까지 전제로 다음 장부터는 당신의 몸이나, 모유와 아기에게 있어서 좋은 물 즉, '생명으로 창조하는 물'에 관해 상세한 이야기를 합시다.

3

좋은 물로 건강하자!

인간에게 물은 생명이다

물에 대한 이야기는 필자의 개인적인 이야기부터 시작합니다.

현재 저는 도쿄의 쇼시마 시에 살고 있습니다. 이곳은 도쿄에서 유일하게 도쿄의 수도물을 사용하지 않는 자치구입니다. 시민의 일상 생활용수는 시 자체적으로 치치부산의 지하수를 사용하고 있습니다. 이렇게 공급되는 상수도는 나까무라가 살고 있는 시즈오카 현의 미시마 시에서 공급하는 정도의 뛰어나게 좋은 물은 아니지만, 그래도 '양질의 물이다' 라고 말해도 됩니다.

후생성의 '맛있는 물 연구회' 에서도 각지의 '맛있는' 물에 관해서 비교 검토한 결과, 쇼시마 시의 수도물은 도쿄에서 제일 맛있는 물이라고 보증했습니다.

그렇기는 하나 필자가 이 수도물을 평가하는 것은 단지 '맛있다' 때문만은 아닙니다. 뒤에 좀더 상세하게 이야기하겠지만, 쇼시마 시의 물은 '맛있을 뿐 아니라 생명체에 조화하는 물' 즉, 사람의 건강에 크게 기여하는 조건을 최저나마 갖추고 있는 몇 안 되는 물이기 때문입니다.

이 책을 통해 이제 알게 된 것처럼, 우리들이 매일 마시는 물, 조리에 사용하는 물, 또는 목욕 등으로 몸에 직접 닿는 물이란, 어떤 의미에서는 식품의 질 이상으로 중요한 것이라고 생각할 수 있습니다. 하물며 어른과 같이 강한 체력(인류는 모든 동물 중에서도 가장 체력적으로 축복 받은 종류)을 갖추고 있지 않을 뿐 아니라, 일생 중 가장 왕성하게 성장하게 될 시기의 아기에게 있어 보다 이상적으로 중요하다고 말할 수밖에 없습니다.

물에 대한 전문가인 저는 '물은 생존자에게 있어서 무엇보다도 한층 더 중요한 것이다'라고 확신하면서 물에 대한 연구에 정열을 쏟기 시작했습니다. 처음 물의 연구와 관계를 가진 것은 30년 전의 일이고, 그 후 연구에 몰두한지 20여 년의 세월이 흘렀습니다.

이야기를 알기 쉽게 하기 위하여 지금부터 저의 독백으로 화제를 돌리겠습니다.

20여 년 전 어느 날, 나는 그동안의 연구나 경험을 통해 직감했지만 물에 대하여 지금까지 교육을 받고 생각한 것보다 훨씬 중요한 것이 아닌가라는 것이었습니다.

그때부터 본격적으로 물에 관한 연구를 좀 더 깊이 함과 동시에, 나는 여러 전문가들에게 의견을 들었습니다. 그런데 내가 생각하는 물에 대한 큰 의의와는 정반대로 그들의 반응은 매우 미미했습니다.

"물 같은 것은 단지 H_2O지!", 또는 "물을 연구해 봤자 H_2O 이상의 것을 알 수 없다. 그런 바보 같은 연구 따위는 하지 않는 편이 낫다." 이런 의견이 대부분이었습니다.

실례를 무릅쓰고 어렵게 말했는데, 그들은 물에 숨겨진 비밀스런 가능성을 처음부터 부정하고 있었습니다. 그래도 저는 흔들리지 않았습니다. 물에 숨겨진 가능성에 뚜렷한 확신을 갖고 있었기 때문입니다. 그런 저의 믿음에 동조해주는 사람이 전혀 없다고 생각했던 시절의 일이었기 때문에 나의 연구는 고립무원(孤立無援), 매우 고독한 상황 속에서 시작하게 되었습니다.

막상 연구를 시작해보니 나의 확신은 점점 더 깊어질 뿐이었습니다. 물이란 단지 'H_2O의 집합'이 아닐 뿐만 아니라. 물은 그 종류에 따라서 제각각 H_2O의 모이는 상태가 다르며, 극히 다채로운 표정을 지닌 물질이라고 하는 것을 알게 되었습니다.

그러는 동안 나에게 동조하고 같은 입장에서 연구하는 동지들이 늘어나기 시작하였고 드디어 '생명의 물 연구소' 라는 연구기관 설립에 동참하는 사람들이 나타났습니다.

그 후 '생명의 물 연구소'는 세계에 있는 모든 물과, 물을 조성하는 성분의 물 상태를 분석하고, 그 데이터를 정리하게 되었습니다. 그리고 새롭게 분명해진 여러 사항을, 세상에 발표할 수 있는 준비가 되었습니다.

그러나 우리들이 아무리 새로운 사실, 우리 건강과 생활의 기반을 좌우한다는 사실을 확인했다고 갑자기 발표해보았자, '물은 H_2O 밖에 없다'라고 믿는 세상 사람들에게 그것을 바로 이해시키기는 어렵다고 생각했습니다.

그래서 일반 사람도 쉽게 이해할 수 있도록 만반의 자료 등 준비를 갖추고 때를 기다려, 드디어 발표의 기회가 왔습니다. 1992년 4월에 개최된 '일본화학회'에서였습니다.

우리들 '생명의 물 연구소'는 이 기회를 찬스로 하여 비책을 강구했습니다. 어차피 정면으로 승부를 걸고 설명해도 주목받을 수 없다면, 변화구로 가자는 쪽으로 '물과 술 그리고 맛의 관계'라고 하는 주제로, 물이란 단순한 H_2O 집합이 아니라고 하는 것을 어필하기로 했습니다.

술맛, 취기도 물이 결정한다

물에 관한 중요성을 어필함에 있어 '물과 술에 관한 관계'를 선택한 이유는, 제가 비할데 없는 술꾼이라는 것이 적지 않은 영향을 주었음을 고백합니다.

그런데 '물과 술에 대한 관계'는 '물과 모유와의 관계'가 전혀 관계없다고 독자 분들께서는 흥미를 잃지마십시오.

자! 그럼 '물과 술의 관계'입니다. 나는 술에 물을 희석할 때 사용하는 물 상태에 따라 술맛이 놀라울 정도로 변하는 것이나, 술과 함께 마시는 물의 질에 따라서 취하는 상태나 취기, 깨는 정도가 크게 달라지는 것을 스스로 감각과 몸으로 여러 번 경험했습니다. 이것은 술꾼이라면 누구나 느끼리라 믿습니다.

그러나 이런 개인적인 경험은 많은 경우 과학적인 설득력을 가질 수 없습니다.

그래서 술 마시는 것을 끊고 노력하면서(물로 마시긴 했지만) 나는 '물과 술의 관계'에 대하여 과학적인 연구에 깊이를 더했습니다.

아시는 바와 같이 술이란 알코올입니다. 정확히 말하

면 에틸알코올을 주성분으로 한 음료며 아무리 알코올 도수가 높은 술이라 해도, 대략 절반이상이 물과 그 외 미량성분과 서로 섞인 음료 물입니다. 도수가 낮은 예 컨대 맥주와 같은 술이면 알코올의 함유 비율은 4, 5퍼 센트 정도 밖에 없고 그 외는 거의 물입니다.

그렇다고 하면 술맛이나 질을 결정할 최고 중요한 요 소로서, '물의 질'은 무시할 수가 없는 것입니다. 이처 럼 모유나 우유도 물의 질이 무엇보다도 중요한 것입니 다.

80퍼센트 이상이 물인 모유나 우유의 질이 '물의 질' 의 영향을 받지 않을 수가 없는 것이지요. '생명의 물 연구소'가 준비했던 데이터도 그 사실을 과학적으로 증 명하는데 충분한 것이었습니다. 우리는 술의 맛이나 질 을 결정하는 최대의 요소가 '물의 상태'라는 결론을 얻 었습니다.

알기 쉽게 설명하면 위스키나 브랜디는 증류주와 구 별되는 술입니다. 품질이 좋다는 제품일수록 긴 세월에 걸쳐서 숙성된 것입니다. 오래 숙성된 것일수록 맛이 부드럽고 깊이도 더하여 취하는 기분까지도 좋아집니 다.

그러면 숙성된 결과 술에는 어떤 변화가 일어나는 것

일까요? 그 변화의 주가 되는 것은 물의 변화인 것입니다.

여기서 아주 간단한 결론을 내리면, 숙성되지 않는 술은 알코올과 물의 거친 혼합액이라고 생각하면 되겠지요. 알코올은 알코올대로, 물은 물대로 서로 별개의 상태로 존재하고 있는 것입니다. 좀더 자세하게 말하면 물의 분자인 H_2O의 집합이 크기 때문에, 알코올의 분자를 깨끗하게 싸안을 수가 없고, 알코올이 단독으로 미각이나 신경을 자극하는 술이라고 생각하면 됩니다.

그러나 적절한 환경에서 숙성시킨 술에서는 물분자의 집합이 작아지고 작아지면서 알코올의 분자를 한 알 한 알 깨끗하게 에워싸게 되는 것입니다.

따라서 알코올 분자는 그대로 미각이나 신경을 자극할 수 없습니다. 그에 따라 부드러운 풍미를 느끼며 목으로 술술 넘어가는 술이 되는 것입니다.

"그러한 일과 모유의 질하고는 어떤 관계가 있다는 거지요!" 라는 소리가 들려 올 것 같습니다. 그런데 사실은 관계가 크다는 것입니다. 그러면 이쯤에서 독백을 끝내고, 다시 의학적이나 과학적으로도 더 좀 신뢰할 수 있도록 화제를 전개하겠습니다.

물의 질과 건강에 대한 관계, 물의 질과 모유의 질에

대한 관계도 계속 읽어 주시면 자연히 이해가 되실 것입니다.

맛있는 커피는 원두보다 물이 더 중요

당신은 커피나 홍차를 좋아하십니까? 몸 속의 아기를 생각해서 카페인이 전혀 함유되지 않은 오룡차를 마시고 있을지도 모르겠군요.

아무튼 어떤 차를 마신다고 해도, 제2장에서 소개한 것 같이 아기에게 카페인 영향을 염려한다면 많이 마시는 것은 삼가 하세요. 적당히 즐긴다면 당신의 건강(특히 심리적)을 위해서 괜찮다고 생각합니다.

당신의 심리적 건강은 아기의 건강에도 직결하는 것이기 때문에 차를 마시기에 너무 신경질적으로 될 필요는 없습니다.

하지만 어떤 종류라도 당신이 차를 좋아한다면 원두나 녹차는 엄선하겠지요. 향기 그윽한 맛있는 커피에 구애받는 분이라면 원두를 볶는 방법까지도 세심한 주의를 합니다.

그럼 이와 같이 엄선한 원두나 녹차에 당신은 대체 어떤 물을 사용하려 하십니까?

예로부터 다도(茶道)는 물에 관해 특히 엄하게 다루

어 왔습니다. 맛있는 물이야말로 차의 생명이라는 것을
숙지하기 때문입니다.

〈그림 11〉 산모가 마신 물은 모유의 중요한 원천이 된다.

이른바 차나 커피란 차 잎이나 원두 중의 양분이나 향기를 물에 녹여낸 수용액입니다. 즉 우리들이 마시는 차나 커피란 그 99퍼센트 이상이 물이고, 원두나 차 잎에서 녹아 나온 성분은 1퍼센트에도 미치지 않습니다. 이것을 전제로 한다면 다도가 물에 특히 엄했던 이유도 이해하시겠지요.

그러면 다른 입장에서 당신의 일상생활을 돌아보십시다. 당신은 커피의 원두나 녹차 잎을 엄선할 정도의 열의를 갖고 물도 엄선하려 하시는지요?

최근에 와서 물에 대한 인식이 매우 높아진 것 같아 반갑습니다. 차나 커피를 넣은 물 또는 위스키를 희석할 때 쓰이는 물이 병으로 팔리고 있는 '맛있는 물'을 찾는 분이 늘었습니다. 병에 채워져 시판되는 물은 우리들이 이 책에서 말한 '생명체에 조화하는 물'의 조건을 충분히 갖추지는 못했지만, 적어도 수도물보다는 질이 좋다는 것이 일반적인 생각입니다. 따라서 그 종류의 물로 끓인 차나 커피는 수도물로 끓인 것보다 각별히 맛있다고 하는 것이 우선 만인이 인정하는 사실입니다.

맛있다고 느끼는 것이 몸에 좋다

앞에서 언급했지만, 다시 거듭 강조합니다.

원초적인 의미에서 '맛있다'라고 느끼는 것은 중요한 것입니다. '맛있다'라는 것은 몸 감각의 기쁨이고 몸이 좋아서 받아들이는, 몸에 좋은 물질임을 증명하는 것입니다.

지금은 질이 나쁜 수도물에 의해서 또 화학조미료를 다량으로 사용한 가공식품 등에 의해 많은 분들의 미각이 마비되고 혼란을 갖고 있습니다.

그런데 그 중에 '맛있다'라고 느끼는 그 감각 자체를 믿지 않는 분도 적지 않습니다.

그러나 기본적이고 원칙적인 의미에서는 '맛있다'라고 하는 쾌감은 몸에 있어서 좋은 것이라는 것입니다. 바꾸어 말하면, 간단하게 이해할 수 있을 것입니다. 우리들의 몸에 해를 끼치는 것에 대해서는 악취다, 매우 맛없다, 극히 쓰다고 하는 불쾌한 감각을 갖고 있습니다.

따라서 입에 넣기 전에, 또는 입에 넣었다고 해도 삼키기 전에 그것을 피할 수 있는 것입니다.

그러면 아기가 먹을 우유를 타고 있는 당신은 최소한

으로 정수기를 통한 수도물, 또는 병에 넣어 팔고있는 물을 사용하는지요. 그렇게 사용하리라고 기대합니다.

만약 지금까지는 그다지 주의하지 않았다면, 어떠한 일이 있어도 오늘 이 순간부터는 그렇게 해주십시오. 아기에게는 권리가 있습니다. 맛있는 우유, 결국은 아기의 몸에 보다 좋은 질의 우유를 마실 권리가 있지요. 이것은 헌법이전에 하늘의 은혜에 보답하는 생명의 기원에 근거한 바로 권리입니다.

모유의 경우는 산모가 마시는 물이 주요한 원재료가 됩니다. 그러나 이 경우에는 산모의 몸 그 자체가 어느 정도 정수기 역할을 하고 있기 때문에 아기는 그만큼 직접적인 영향을 받지 않습니다. 그러나 정수기를 써도 그 사용기한에 주의하십시오.

수도물의 오염이나 불필요한 성분을 제거한다는 것은 정수기 속에 그런 물질들의 성분이 축적 되어있다는 것입니다. 인간의 몸은 독성 물질이나 노폐물을 대사·배설하는 능력을 부여받고 있습니다. 하지만 역시 한계가 있지요. 어머니의 몸 속에 쌓인 더러움이나 불필요한 성분은 어느덧 어머니 자신의 몸을 오염시키는 것입니다. 지금까지 긴 세월에 걸쳐 축적되어 있다면 아기가 먹는 젖에 섞여 들어간다고 할 수 있습니다.

아시겠지요? 물에 대하여 지금 이 순간부터는 지대한 주의를 기울여 주시기 바랍니다. 아기의 튼튼한 발육을 원하는 어머니라면 더욱 그렇게 하셔야합니다.

물에 대한 중요한 이야기는 더욱 심각해집니다. 지금까지의 내용은 이제 시작에 불과합니다.

장내 세균과 혈액 활동도 물의 영향을 받는다

이번에는 감각적인 곳을 대상으로 하지 않고 의화학(醫化學)적인 입장에서 생각해보겠습니다.

여기서 말하는 의화학이란 대변이나 오줌, 또는 혈액 등의 상태에서 병의 원인을 규명하는 학문인 것을 말합니다. 그런데 당신은 인간의 소변 수분비율을 아시는지요?

어느 정도가 수분이라고 생각하십니까?

대체로 99퍼센트가 물입니다. 소변을 오줌이라고 차지하고 있는 물질은 나머지 1퍼센트 밖에 안됩니다. 대변은 소화기관의 작용이 양호할 때에는 70퍼센트 정도가 수분입니다. 여기 대변을 변이라고 하는 것이 차지하고 있는 물질은 30퍼센트 밖에 안됩니다. 혈액이라면 앞에 이야기 한 것처럼 80퍼센트 이상이 수분입니다. 또 인간의 몸 전체를 보아도 어른은 60퍼센트 이상, 갓 태어난 아기는 80퍼센트가 수분입니다. 그렇다면, 대변이나 소변의 혈액상태로부터 병의 원인을 연구하는 학문인 의화학은 물에 대한 진지하고 깊은 연구가 없다면 진정한 의미에서의 발전를 바랄 수 없다고 하게 될 것입니다.

이 책을 읽고 처음으로 인간의 몸이 어떻게 다량의 물로 채워져 있는가를 비로소 알았다는 분이 많을 것입니다. 정말로 인간의 몸이란, 세포조직으로 만들어진 피부라고 하는 부드러운 부대 속에 다량의 물로 채운 것이라고 생각해도 될 정도로 물이 가득 차 있습니다.

인간의 생명활동·생리활동은 대부분이 다량의 물 속에서 일어나고 있습니다. 물 없이 몸 속에서의 생명활동은 하나도 이루어 질 수 없습니다. 그렇기 때문에 말라죽는다고 하는 것은, 생물 모두의 죽음을 의미하고 있습니다.

예를 들면, 아기가 먹는 모유나 우유 또는 당신이 먹는 음식물은 입에서 장에 이르는 소화기관 속 체내효소와 장내 미생물의 작용에 의해서 소화 흡수되지만, 체내효소나 장내 미생물도 역시 물이 없는 곳에서는 작용할 수 없습니다.

수많은 종류가 있는 체내효소는, 생명활동의 근본에

관련된 화학반응에 대한 촉매 역할을 하고 있지만, 이 효소의 활성은 물의 질에 의해서 크게 영향을 받는 것으로 알려졌습니다. '생명체에 조화하는 물'이란 효소의 활성이 높아지고, 그렇지 않은 물 속에서는 효소의 활성이 낮아지는 것입니다.

또 인간의 장내에는 100여 종류의 100여 조 되는 미생물(세균으로 이에는 비피더스균같이 몸에 좋은 작용을 해주는 종류와 역으로 몸에 적당치 못한 종류도 있다)이 서식(인간과 공생하고 있다고 생각)하고 있습니다만, 이 장내 미생물의 상태도 '생명체에 조화하는 물' 중에서는 비피더스균이 우세하여 소화기관의 상태가 좋아진다는 것이 알려졌습니다.

물을 주성분으로 하는 '체내 배달자'인 혈액은 몸을 만들고 있는 모든 조직에 효소, 영양분, 호르몬, 항체 등을 공급하는 한편, 이산화탄소나 기타 대사에 생기는 물질을 거두어 옵니다. 이렇게 중요한 모든 경우에 빼놓을 수 없는 역할을 담당하고 있는 물이, 사실 사람들 각각에 따라서 질이 다른 물이라고 한다면 어떨까요? 건강상태가 사람마다 차이가 난다고 하는 것은 당연하지 않을까요? 몸 속의 물이 나쁜 사람은 병이 나기 쉽다거나, 병들면 치유가 되기 힘들다고 하는 것은 극히 자연스러운 설명이라 말할 수 있습니다.

건강한 사람의 혈액은 아주 깨끗한 선홍색을 띠고 있습니다. 이에 대해서 건강하지 못한 사람의 혈액은 거무스름한 색입니다. 이러한 차이가 생기는 이유는 적혈구 중의 헤모글로빈 상태입니다.

적혈구의 주된 임무는 산소를 운반하는 일입니다. 산소를 감싸고있는 적혈구는 헤모글로빈이 산소와 합한 산화헤모글로빈이 되고, 그 때 헤모글로빈분자를 구성하는 '헤모' 철원자(Hemoferrum)가 선홍색을 갖습니다. 피가 빨간 것은 이러한 이유 때문입니다.

그런데 어떠한 이유로 혈액 속의 산화헤모글로빈이 감소한다면 어떻게 될까요? 다시 말하면 헤모글로빈이 산소와 합하지 못한 상태입니다. 그러면 혈액은 거무스름해집니다. 이러한 혈액으로는 몸 속의 조직세포로 운반할 수 있는 산소 양이 적어집니다.

'생명의 물 연구소'에서 전국 수많은 축산업자들로부터 제공된 데이터를 분석해보면 '생명체에 조화하는 물'을 먹여 사육한 소나 돼지의 혈액은 아주 깨끗한 선홍색이라는 것을 알 수 있습니다. 말할 나위도 없이 '생명체에 조화하는 물'로 사육된 소나 돼지는 그렇지 않은 가축에 비교해서 전체적으로 훨씬 건강하다는 것도 명백해졌습니다.

그러면 여기에 기억해 주십시오. 어머니가 아기에게 먹이는 모유는 혈액에서 빨간색을 제거한 것과 같은 것입니다. 그 모유의 근원이 되는 혈액이 정말로 깨끗한 선홍색인지 혹은 거무스름한지에 따라서 모유의 질이 압도적으로 다르다고 하는 것에 의혹의 여지가 없습니다.

소변이나 대변, 혈액상태를 보면서 몸의 활동을 연구하는 의화학은 지금까지 주성분인 물의 상태에는 거의 주목하는 일 없이 그것에 녹아있는 미량인 성분에만 주목해 왔습니다. 물론 그것은 큰 의미를 가지고 있었다는 것을 부정할 수 없습니다. 그러나 '기본인 물을 무시하면서 정확하게 판단할 수 있었는가' 라고 하면 심히 의문스럽습니다.

모유나 우유를 생각하는 경우에도 마찬가지 아닐까요? 확실히 성분은 중요합니다. 그러나 그 성분상태를 좌우하고 있는 배경에는 역시 물 그 자체의 상태라는 것을 잊어서는 안 됩니다.

시판하는 미네랄워터 라고 건강에 좋은 물은 아니다

그런데 당신은 '물에 대한 질' 이라는 것을 어떤 요건으로 판단하십니까?

맛일까요? 그것으로는 너무 애매할지도 모르지요. 물은 차게 하면 맛있게 느낍니다. 매우 질이 나쁜 물이라고 해도 차가운 상태거나, 또한 목이 말랐으면 누구라도 맛있게 느끼게 되는 것은 보통입니다.

우리들의 경험에 산길을 걷다가 우연히 만난 차가운 샘물 맛에 감동하여 그것을 떠 갖고 돌아왔는데, 물이 미지근해져 수도물보다 맛이 없던 일도 경험하였을 겁니다.

그런 믿을 수 없는 막연한 판단기준이 아닌 '과학적'인 판단기준은 오랜 옛날로부터 정해서 있었습니다. 대표적인 것은 물에 포함된 칼슘이온이나 칼륨이온 등의 미네랄 성분의 함유량으로 수질을 판정한다고 하는 기준입니다. 물론 먼저 불순물이나 세균, 독성물질 등이 함유되어 있지 않다는 것을 전제로 한 기준입니다. 그러나 이 기준에 의해 적당량의 미네랄성분이 함유되어 있다고 판단된 물이라 해도 맛있다는 측면에서 보면 반드시 그렇지 않다는 예가 많이 있었습니다.

그뿐 아니라 미네랄성분의 함유량은 적당한 양임에도 불구하고 그 수분이 건강에 기여하지 못한다고 하는 예가 적지 않았습니다.

이른바 미네랄 워터가 그 밖의 많은 물에 비교해서 안전하지만, 반드시 좋은 물은 아닙니다. 건강에 적극적으로 기여하는 물이 아닌 경우도 많다는 이유는 이 주변에도 있습니다.

즉 예로부터 주로 미네랄성분에 주목했던 기준은 과학적으로 보아 충분치 못했다는 것입니다.

확실히 '물이란 단순히 H_2O의 집합이다'라고 본다면 물의 좋고 나쁨을 결정하는 것은 물에 함유되어 있는 물질의 종류와 양이라고 하는 것이 되겠지요? 거기에 착안한 것이 종래의 척도이며 유해물질이나 불순물이 제거되어 화학적으로 깨끗한 물이라면 '좋은 물'이라는 선입관이었습니다.

그러나 우리들은 전혀 다른 시점에서 발상하고 있습니다. 우리들이 말하는 '물이란 단순한 H_2O의 집합이 아닌 것'입니다. 물의 H_2O의 집합방법에는 각각의 차이가 있고, 집합하는 모양이 물의 상태를 결정하는 최대의 조건입니다.

이러한 시점에서 이제까지 간과되어 온 물에 관련한 여러가지 일이 아주 명쾌하게 설명할 수 있게 되었습니다.

예를 들면 세계 각지에는 다른 지역에 비교하여 아주

장수하는 사람들이 많아 '장수촌' 등으로 불려지는 지역이 있습니다. 이러한 지역의 사람들은 '어떻게 하여 장수할 수 있는가'라는 이유는 주로 기후, 음식물, 생활양식, 물의 질이라는 측면에서 검토되어 왔습니다. 그러나 아무리 검토해 보았지만 이렇다할 공통된 이유를 정할 수 없다는 딜레마가 있었습니다.

그 중에서도 '수질'이라는 것이 난제의 하나였습니다. 종래의 척도인 미네랄성분의 함유량에서는 아무리해도 납득할 수 있는 설명을 할 수 없었기 때문입니다.

그러나 분자단계에서의 물의 상태, 즉 H_2O끼리 서로 어떤 관계로 되어 있는가 주목한 순간, 각 장수촌마다 물에 공통점이 있는 것을 알 수 있었습니다.

뒤에 좀더 이야기하겠지만, 장수촌 사람들의 생활수는 한결같이 H_2O끼리 결합하여 만든 분자집단이 작은 물이었습니다.

이 물분자 집단의 작은 결정은 물의 질을 결정하는 그 밖의 요소인 미네랄성분의 함유률 pH(산·알칼리도), 산화환원전위(세포조직의 노화나 병의 온상인 산화를 억제하는 힘) 등과도 밀접한 관계가 있습니다. '생명의 물 연구소'는 이러한 연구성과를 종합한 바탕 위에 새롭고 보다 과학적인 물의 질을 측정하는 기준을 정했습니다.

이 새로운 기준을 비교해서 여러분도 마시고 사용하는 물을 새롭게 검토해 봅시다.

'생명체에 조화하는 물'의 7조건

생명체에 조화하는 물(건강에 적극적으로 기여하는 물)의 7가지 조건을 들어보겠습니다.

① 생명체에 유해한 물질이 제거되어 있다.

유해한 물질이란 수도법으로 규제되어 있는 독극물이나 독성을 지닌 화학물질인데 우리들은 이것 외에도 염소 및 염소화합물이 제거되어야 한다고 생각합니다. 수도물을 정수기로 여과시키면 완전치는 않지만, 대체로 이 조건을 충족시킨 물을 얻을 수 있습니다.

② 미네랄성분(미량원소)의 밸런스가 취해져 있다.

칼슘, 칼륨, 마그네슘, 나트륨 등의 미량 금속이 알맞게 함유되어 있는 것이 필요합니다. 따라서 칼슘만의 함유량이 높은 형태의 밸런스라면 조건을 충족시킬 수가 없습니다. 또 미네랄성분은 완전히 물에 용해된 미세 분자의 상태(이온화한 상태)로 있는 것이 중요합니다. 물에 분말 등의 형태로 미네랄 성분을 첨가해도 미세 분자가 되어 용해하는 것은 극히 일부 밖에 없습니다.

③ pH는 약알칼리성이다

인간의 체액은 pH7.35~pH7.45의 약알칼리성으로, 이 범위를 벗어나면 중병이나 죽음을 의미한다고 생각해도 됩니다. 태고부터 생명을 키워온 해수도 약알칼리성입니다. 그렇다고 약알칼리성 물을 마셨다하여 그대로 체액을 약알칼리성으로 만드는 것에 직접적으로 유용한 것은 아닙니다. 산소활성·장내미생물의 작용 등을 포함한 생리활동은 약알칼리성 수용액 속에서만 가장 원활한 상태로 활성화됩니다.

④ 경도(硬度)가 너무 높지 않아야 한다.

칼슘이온과 마그네슘이온의 함유량이 높아질수록 경도가 높아지며 이것이 지나치게 높은 물은 건강을 해칠 가능성이 높습니다. 따라서 칼슘, 마그네슘 등의 미네랄 총량이 적절한 균형인 연수가 중요합니다. 일본이나 한국의 물은 전체적으로 이 조건을 충족하고 있어 그다지 걱정은 없습니다. 그러나 유럽 등의 물(수입한 미네랄워

터 포함)에는 경도가 극히 높은 것도 있으며, 이런 물에
적응되어 있지 않은 우리가 그러한 물을 마시면 위장을
중심으로 몸을 망칠 우려가 많습니다.

⑤ 산소와 이산화탄소(탄산가스)가 적당히 융화되어
있다
  금붕어조차 살 수 없도록 산소부족(산소결핍상태)인
물이 생명체에 조화할 리가 없습니다. 또 이산화탄소는
발포음료를 맛이 있다고 느끼도록 물맛을 결정하는 요
소의 하나입니다. 단 이산화탄소가 너무 용해되어 있는
물은 pH가 산성으로 쏠리므로 주의가 필요합니다.

⑥ 분자집단(크러스트라고 불림)이 작은 물이어야 한
다
  H_2O의 집합상태가 작다고 하는 말로, 물은 항상 유동
적으로 인간의 눈으로는 도저히 판단할 수 없을 정도로
빠르게 분자의 집합과 이산을 되풀이하고 있습니다. 이
것은 편의적인 표현에 지나지 않습니다. 그러나 활력이
있는(오해를 두려워하지 않고 말한다면 물 그 자체로서
생명력이 넘치고 있다) 물은 같은 이합집산을 되풀이한
다고 해도 항상 작게 합쳐지고 싶어하는 성질이 있습니

다.

극히 단순하게 분자집단의 작은 물은 모든 물질을 용해하기 쉽고 세포로의 출입도 용이한(따라서 신진대사를 양호하게 함) 물이라고 이해해 주시면 될 것입니다. 같은 이유로 효소활성을 높이고 장내미생물의 작용도 양호하게 합니다.

⑦ 체내효소, 활성산소제거제(SOD양물질)나 항산화물질의 능력을 높게 발휘시키는 물이어야 한다

활성산소란 노화, 암 등 만병의 원인이 됨과 동시에 종합적으로 보아도 세포의 활력을 저하시키고 조직에 손상을 주는 악역을 하고 있습니다. 좋은 물은 이것을 제거할 힘을 가진 녹황색야채 등 유효성분의 작용을 해치지 않습니다.

또 '생명체에 조화하는 물'은 그것 자체가 환원력을 가진 물이며 체내 산화물을 환원하여 무독성으로 바꾸기도 하고 산화된 세포조직을 복원하는 힘이 됩니다.

이 점에 관해서는 더 좀 설명해 두는 편이 좋을 지도 모르겠습니다. 산화된다는 것은 바로 녹슨다는 말입니다. 쇠가 녹스는 것과 마찬가지로 인간의 몸 조직이나 세포도 활성산소의 영향으로 점차 녹슬어가며 누더기

인간이 된다고 해도 과언이 아닙니다.

인간이 산소를 마시고 체내에서 에너지원을 산화시켜 살아있는 한 이것은 피할 수 없는 일입니다. 즉 산다는 것이란 자신을 녹슬게 하는 것, 다시 말하면 노화되어 가고 있다고 할 수 있습니다. 그러나 과잉의 활성산소에 의해서 쓸데없이 또한 무질서하게 녹이 확산되면 병에 걸리기 쉽고 노화도 촉진됩니다. '생명체에 조화하는 물'이 가진 중요한 환원력은 몸에 녹이 진행되는 것을 억제합니다.

저는 이상과 같은 7가지 조건을 제창하고 동시에 다음 3개 항목을 제안했습니다.

① 노화를 순조롭게 하자
② 치매를 방지하자
③ 다음 세대의 주인공인 아기를 건강하게 낳아 튼튼하게 기르자

이미 아시었지요? 이들 3항목은 실은 서로가 밀접하게 관련 있는 것입니다. 어느 것 하나의 실현을 구한다면 다른 모든 것도 동시에 구하게 됩니다.

바꿔 말하면 아기의 보다 건강한 성장, 건강한 미래를 찾아서 노력하는 것은, 즉 엄마 자신의 건강과 젊음을 실현하고자 하는 것입니다. 만약 어머니가 진정한 의미로 건강하다면, 아기 또한 건강하게 자라고 있음에 틀림없다는 말입니다. 물론 불행한 예외는 있겠지만 그 예외의 것도 어머니의 노력으로 줄일 수 있습니다.

좋은 물을 마시면 몸이 변한다

그러면 '생명체에 조화하는 물'의 조건에 만족할만한 물을 마시고, 조리 등에도 사용하였을 경우, 몸에는 어떻게 좋은 영향으로 나타나는지 간단하게 정리하도록 하겠습니다.

생명체에 조화하는 물을 적극적으로 마시고 사용했을 경우 다음과 같은 변화가 인체에 일어납니다.

① 위장상태가 좋아지고 변비 등이 해소되며 변통이 원활하게 된다.
② 신진대사가 양호해지고 몸 전체 상태가 강해진다.
③ 저항력이 강해지고 감기 등에 잘 걸리지 않는다.
④ 피부가 신선하고 촉촉하며 매끄러워진다.
⑤ 당뇨병, 간장병, 고혈압 등 현대의학에서는 일반적

으로 치유되기 힘든 만성질환의 증상이 개선되고 완전히 치유된 경우도 적지 않다.

⑥ 소아천식이나 아토피성 피부염 등의 알레르기 질환이 가벼워지고 완전하게 치유된 경우도 적지 않다.

⑦ 여성의 경우 생리통이나 생리불순이 해소된다.

⑧ 임산부의 경우 임신경과가 양호하게 진행되고 보다 건강한 아기를 출산한다.

⑨ 출산 후 모유가 잘 나오고 질도 양호하다.

⑩ 폭음했을 경우에도 숙취나 악취 등이 약해진다.

그밖에도 잘 낫지 않는 무좀이 개선되기도 하고, 어깨결림이나 두통이 해소되기도 하며 갱년기장애가 경감하는 등 여러 가지 보고가 있습니다. 전체적으로 '생명체에 조화하는 물'은 몸의 상태를 강하게 하고 보다 건강하게 해준다고 할 수 있습니다.

이러한 형태로 효능에 대한 설명을 늘어놓으면 틀림없이 다음과 같은 반론이 들어옵니다. "그렇기 때문에 믿을 수 없다. 그렇게 만병에 효과가 있을 수 있나? 더구나 기껏 물로 그렇게도 극적인 효과가 있을 리 없다".

'생명체에 조화하는 물'은 어디까지나 물이며 약이

아닙니다. 약이란 생리작용의 일부에 작용하는 성질을 지닌 물질이기 때문에 만병에 효과가 있을 리가 없는 것이 당연합니다.

하지만 '생명체에 조화하는 물'은 생명활동을 세포단계에서 활성화하여 생리작용·신진대사를 보다 좋은 방향으로 이끌고 있는 것입니다.

병이 들어 몸 상태가 나쁜 것은 의학적으로 병의 상태가 다양하다고 할 수 있는데, 그 근본적인 것에는 '세포단계에서의 생명활동이 저하 되어있다'라고 하는 병의 온상이 있습니다. 그렇다고 하면 생명활동을 세포단계라고 하는 원점으로부터 활성화할 수 있을 때에 다양한 증상이 개선된다, 또는 치유한다고 하는 것은 바로 자연의 섭리 그 자체인 것입니다.

실제 여러 의사의 보고서에 '생명체에 조화하는 물'을 적극적으로 마시면 심각한 만성병이 치유되었다고 하는 실례가 적지 않습니다. 그 중에는 암의 진행이 극히 늦어지고 극소수이긴 하지만 활동하는 암이 가벼워진다는 보고까지도 있습니다.

이러한 '생명체에 조화하는 물'의 효용 확인은 실로 간단합니다. 독자께서도 자신을 위해 또 아기를 위해 오늘부터 실천해보십시오. 그 결과는 사람에 따라서는 늦고 빠름은 있겠지만 확실히 나타납니다.

실험으로 알 수 있는 이온수의 효과

그런데 당신은 '우선은 믿고 해본다'는 사람일까요, 그렇지 않으면 '처음부터 의심하며 좀처럼 해보지 않는다'는 타입의 사람일까요. 여기 후자 쪽을 위해 의학적으로 검증된 사례를 소개합니다.

'생명의 물의 연구소'는 사이타마 의과대학의 약리학 연구실의 스즈끼 박사의 지도를 받고 있는 야마카와 씨에게 부탁하여 '생명체에 조화하는 물'(전기분해형인 정수기로 만든 알칼리이온수)이 고혈압증 예방과 치료에 응용할 수 있는가에 대한 실험을 해, 그 결과 지극히 흥미 있는 데이터를 얻었습니다.

실험에 사용한 것은 사람의 본태성 고혈압증(현대의학으로서 치유가 어렵고 대중요법으로 대응할 수밖에 없다)의 실험모델인 '고혈압 자연발증러트(SHR/유전적인 고혈압을 발증하는 실험용)'입니다.

실험은 다음과 같은 순서로 했습니다.

1. SHR(사육하고 있는 쥐에게 1주간 적응시킨 후 6주된 수컷 25마리)을 2개의 그룹 A-13마리, B-12마리로

나누었다.

2. A그룹에는 수도물이 아닌 생명체에 조화하는 물=pH 9.1을 16주간동안 자유롭게 먹였다.

3. B그룹에는 수도물을 그대로=pH 7.3을 16주간 자유롭게 먹였다.

이 실험에서 사용한 수도물은 사이타마 의과대학의 지하수를 퍼 올린 것입니다.

따라서 일반의 수도물처럼 염소를 함유하지는 않았지만, 철분을 함유하고 있었기 때문에 붉은 기가 조금 있는 물이었습니다. 아무튼 수도물 그대로여서 우리들의 가정용 수도꼭지에서 나오는 물보다는 양질입니다.

이 실험 결과는 다음과 같이 나타났습니다.

A. 두 그룹 똑같이 시간이 지남에 따라 체중·혈압이 상승했는데, 심박 수에는 차이가 없었다.

B. 실험 개시 후 2주간으로 A그룹(생명체에 조화하는 물을 먹인)은 혈압상승이 경미하며 그것이 7주 째까지 지속했는데, B그룹과 비교해서 통계상 주의를 끌 정도의 차는 인정되지 않았다.

C. 11주 째부터 양 그룹 공히 각각 2분하여 제각기 한 쪽으로 항고혈압약(혈압강하제)인 Enalapril을 같은

조건으로 연속 투여한 바, A그룹에서는 유일하게 커다란 혈압강하작용(의학적으로도 인정되는 뚜렷한 효과)이 나타냈다.

D. 전기(前期)의 경향은 Enalapril의 투여 양과 회수가 증가 할 수록 현저해졌다.

E. Enalapril의 연속투여 개시부터 4주간 후 양 그룹 공히 심장과 간장의 비대가 억제되었다(고혈압증이 있을 때에 혈압강하제를 투여하지 않으면 장기에 부담이 되기 때문에 장기 비대가 일어난다).

F. 대단히 흥미있는 것은 A그룹에서는 Enalapril의 투여를 받지 않았던 쥐에서도 장기 비대 억제가 인정받은 점이었다.

이 실험에서 명백해진 것은 '생명체에 조화하는 물'이 혈압강하제의 작용을 보다 유효하게 끌어냈다고 하는 것뿐만이 아니라 그 이상으로 주목할 것은 '생명체에 조화하는 물'을 마시고 있는 쥐에서는 혈압강하제를 투여하지 않아도 고혈압을 동반하는 장기 비대가 억제되었다는 점입니다.

이 실험만으로 '생명체에 조화하는 물'은 인간에게도 고혈압의 발증을 예방하기도 하고 개선한다 라는 결론

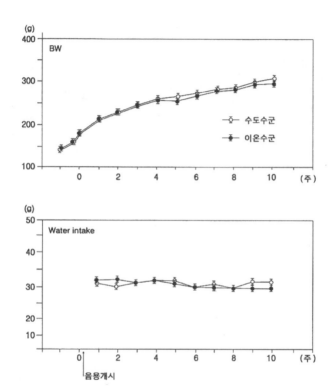

*마신후 10주간의 변화치를 표시했다. 윗그림은 체중
밑그림은 1주일의 마신 량과 1마리가 1일 먹는 양(g)으로 표시했다.(1994. 2)

〈도표 5〉 이온수와 수도물의 마신 양과 마신 후 체중변화

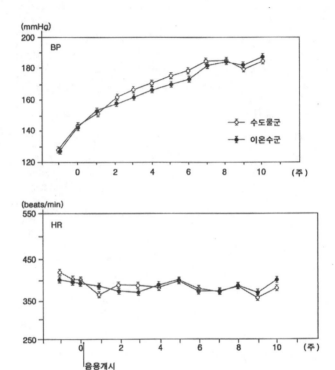

*윗그림은 혈압, 밑그림은 심박수의 변화를 나타냈다.
이것은 마신 후 10주간의 변화치를 표시했다.(1994. 2)

〈도표 6〉 이온수와 수도물 마신 후의 혈압 및 심장 박동수의 변화

• 연속투여 1주일후

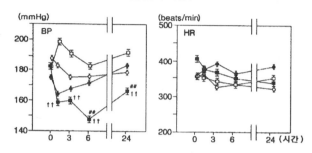

• 연속투여 3주일후

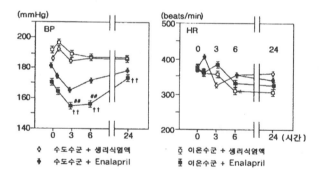

◇ 수도수군 + 생리식염액   ㅈ 이온수군 + 생리식염액
♠ 수도수군 + Enalapril   ☰ 이온수군 + Enalapril

〈도표 7〉 Enalapril을 연속 투여한 혈압 및 심장의 박동 수에 대한 영향

149

을 내릴 수는 없지만, 그 가능성이 있다는 것은 확인되었다고 단언할 수 있습니다.

여기서 실험을 행하여 준 야마카와 씨와 지도하신 스지끼 박사에게 경의를 표하고 그 실험결과를 정리한 그래프를 게재하였습니다.

<도표 5>의 그래프는 '생명체에 조화하는 물'(여기서는 이온수)과 수도물을 각각 먹은 양과 실험개시 후 체중의 변화가 나타나 있습니다.

<도표 5> 아래의 그래프는 1주일마다 먹은 물의 양을 1마리가 1일 먹는 양으로 환산해서 나타내고 있습니다.

<도표 6>의 상단은 A, B 양 그룹의 혈압변화이며, 하단은 심박 수의 변화입니다.

<도표 7>은 혈압강하제를 연속투여(3mg/kg, P O)하고, 1주일 후와 3주일 후의 혈압과 심박 수에 대한 영향을 나타낸 것입니다. 이것으로는 A그룹과 B그룹과의 극히 명백한 차이를 알 수 있습니다.

건강한 사람은 물을 많이 마셔도 붓지 않는다.

어떻습니까? 의심스럽지만 어느 정도는 믿어보자, 시험해보자 라는 기분이 되지 않을까요?

그러면 다시 강조해 보겠습니다. 말하는 주장은 다음

의 한 마디로 끝납니다.

'생명체에 조화하는 물'을 적극적으로 또 상식적인 면에서도 다량으로 섭취하는 것이 보다 건강하게 되는 길이며, 병이나 나쁜 상태로부터의 회복을 촉진한다는 것입니다.

그러나 이와 같은 주장에는 반드시 다음과 같은 이의가 있을 겁니다.

물을 다량으로 섭취하면 건강하게 된다고 하는 논리는 근본적인 부분에서부터 이해 할 수 없다. 증거로 물을 과잉 섭취하면, 부종이나 물집이 생기는 것이 아닌가? 부종이나 물집이라고 하면 몸이 건강하지 못한, 몸 상태의 불량을 시사하는 대표적인 위험신호가 아닌가?

이러한 잘못된 상식에서 벗어나지 못하는 사람은 인체 메카니즘의 전문가인 의사 중에도 적지 않습니다.

그들은 다음과 같이 주장합니다. "부종을 없애는 데에는 물론이고, 건강을 유지하기 위해서는 수분을 너무 취하는 것은 거듭 삼가해야 한다".

그러나 '미시마 마타니티 클리닉'에서는 부종을 일으키기 쉬운 임산부들에게 대해서도 부종에 수분섭취 제한은 하고 있지 않습니다. 오히려 적극적으로 좋은 물 (알칼리이온수)을 권하고 있습니다. 이뇨제의 투여도 필요만큼의 최소한으로 억제하고 있습니다.

부종이나 물집은 세포 그 자체가 필요로 하는 충분한 물에 가득 채워져 있는 상태가 아닙니다. 세포, 세포조직, 혈액순환을 포함한 전신기능이 저하해 있기 때문에, 원래 대사되어 배설되어야 할 수분이 처리되지 못한 채로 세포간(세포 내가 안임)에 넘쳐 있는 상태인 것입니다.

상세히 말하면 노폐물과 함께 수분을 처리해서 배설로 이끄는 신장 등의 기능이 눈에 띄게 저하되어 있기 때문에 본래 신속하게 버려져야 할 수분이 몸 속에서 흐르지 않고 고여 있다고 하면 되겠습니다.

증거로 신장을 중심으로 대사기능이 충분하게 유지되는 사람의 경우라면 수분(생명체에 조화하는 물이라고 한정하는 편이 완전하겠지요)을 아무리 많이 마신다고 해도, 부종이 생기는 일은 없습니다. 오히려 수분 섭취양이 많음에 비례해서 배뇨량이 늘고 그 만큼 신진대사가 활발하게 되며 몸 구석구석 이르는 세포조직의 활성이 촉진되어 신체기능도 보다 활성화됩니다.

배뇨량이 증가하며 체내가 깨끗해지고, 신체기능이 활성화되는 것은 어느 의미에서 아주 직접적인 관계가 있습니다.

건강 진단을 하는 장면을 상기하십시오. 또는 어떤 불편한 상태로 병원을 찾았을 때라도 상관없습니다. 뱃속에 아기를 갖은 산모라면 말할 것도 없이, 우리들은 반드시 소변검사를 받습니다.

말할 나위도 없습니다. 체내로부터의 배설물인 오줌에는 병이나 이상의 원인을 찾을 수 있는 여러 정보가 함유되어 있기 때문입니다.

보다 확실히 대변에는 소변에서와 달리 체내의 정보가 그다지 포함되어 있지 않습니다. 왜냐하면 음식물이 통과해서 변이 되기까지의 소화기관은 진정한 의미에서의 체내가 아니기 때문입니다. 입에서 항문까지는 음식물이라고 하는 밖의 물질이 통과하는 통로라고 하는 의미에서, 체외라고 할 수 있습니다.

몸 속에서 생겨난 노폐물은 그 태반이 소변으로 배설되지만 대변으로 배설되는 일은 없습니다(하지만 당연히 소화기관의 기능이 저하되면 변의 상태도 나빠집니다).

오줌에서 수십 가지의 병을 알 수 있다.

우리가 건강하다면 체내의 내장이나 기타 각 기관과 효소, 그 외 위장내의 유용한 세균 등이 정상적으로 활동해주고 신장에 의해 여과되어 배설되는 오줌으로 아미노산이나 유기산이 과다하게 빠져나갈 수 없습니다.

만약 이들이 평균치 이상으로 빠져나간다면 그것은 대사에 문제가 발생하고 있다는 것입니다. 다시 말하면 몸에 무엇인가의 기능 저하나 부조화가 일어나고 있다는 신호입니다.

대사에 문제가 생겼을 경우 그 부조화의 원인에 의해 각각 특유의 아미노산이나 유기산이 새어나갑니다. 저자가 NMR 분광법에 의해서 사람의 오줌을 검사하고 병의 원인을 규명하는 방법에 관해 검토한 결과, 오줌을 분석하여 수십 가지의 병을 판정할 수 있는 것을 알았습니다.

이미 여러 의사도 이 방법을 임상현장에 있어 적극적으로 활용하여 진단 재료로 주고 있습니다.

그러한 의사들의 협조로 <표 8>에 정리한 흥미 깊은 데이터를 얻을 수 있었습니다. 이 표에서 알 수 있는 내용을 정리했습니다.

우선 전제로서 어린이와 어른이 건강하다고 해도 오줌의 성분에는 큰 차이가 있다는 것을 아십시오. 어린이의 오줌 중에는 아미노산이나 유기산이 극히 적고, 거의 물에 가깝다해도 좋을 정도입니다. 따라서 건강한 아이의 오줌에는 거의 냄새도 없습니다.

그러나 어른들의 오줌에서는 냄새가 나고 색깔도 있는(물 이외 물질 비율이 높음) 것이 보통입니다. 게다가 나이가 많음에 따라 냄새와 빛깔이 강해지는 경향이 있습니다.

이러한 차이가 생기는 것은 어린이의 대사기능은 더없이 활발하기 때문입니다. 대사기능이 활발한 어린이의 몸 속에는 아미노산이나 유기산이 충분히 활용되어 오줌으로 새어나가는 양이 극히 적어집니다.

그러나 어른의 경우, 또한 나이를 먹어감에 따라서 대사기능이 저하됩니다. 따라서 건강한 상태라 해도 오줌에서 검출되는 아미노산이나 유기산의 양은 많아집니다. 그 위에 병이나 몸에 이상이 생기면 노폐물이 늘고 더욱 대사기능이 저하하기 때문에 아미노산이나 유기산은 더욱 다량으로 빠져나가게 됩니다.

그러면 <표 8>을 보십시다. 이것은 건강한 성인 오줌의 아미노산·유기

평균농도(단위:mMol)

물의 종류 / 대사 산물	수돗물	알카리이온수
유산	0.26	0.11
아라닌	0.35	0.18
구연산	3.46	1.00
디메틸아민	0.33	0.20
트리메틸아민옥시드	0.35	1.88
크레아틴	1.64	0.64
크레아틴닌	12.3	7.44

〈표 8〉 물에 의한 소변대사 산물의 차이

산류의 양을 나타낸 것입니다. 그러나 한 쪽은 보통 수도물을 마시는 사람이며, 또 한쪽은 '생명체에 조화하는 물'의 하나인 알칼리이온수를 마시고 있는 사람이라고 하는 것에 주의하십시오.

쌍방의 오줌의 대사물의 양에는 명백히 차이가 있고, 매우 큰 차이가 보여집니다. 이 차이가 나타나고 있는 것은 몸 전체의 상태이며, 대사기능의 차이라는 것을 잊지 말아 주십시오. 오줌에 관해서 분석한 데이터를 종합하여 다음과 같은 사항이 명백해졌습니다.

오줌의 내용물은 수도물의 사용을 중지하고 '생명체에 조화하는 물'로 이용하고 나서 통상 7일에서 10일로 명백한 변화를 나타나기 시작했습니다.

즉 '생명체에 조화하는 물'을 적극적으로 마시게 되면 신체기능 전체가 1주일 째부터 뚜렷하게 호전된다고 하는 것입니다.

이것은 모체의 경우도 마찬가지일 것입니다. 임신중인 어머니와 태아라면 역시 '생명체에 조화하는 물'을 마시기 시작해서 1주일을 지날 쯤에는 함께 양호한 몸 상태가 된다는 것입니다. 물론 오줌의 상태가 좋아지는 동시에 양수상대도 개선되었다고 단언해도 좋습니다.

모유의 경우도 마찬가지라고 말할 수 있습니다. 모유

는 어떤 의미에서는 혈액이 형태를 바꾼 체외 배출물입니다. 배출물이라고 하는 의미에서는 오줌과 마찬가지 측면을 지니고 있는 것입니다. 따라서 오줌의 대사물이 명백하게 줄 때에는 모유의 상태도 눈에 띄도록 개선되고 있다고 하는 것이 정상입니다.

이러한 변화는 수도물을 보통 정수기의 통과만으로, 즉 염소나 불순물을 제거한 안전할 뿐인 물을 마시는 것으로는 관찰되지 않습니다. 본서에서 제창하는 '생명체에 조화하는 물'의 7조건을 갖춘 물을 적극 사용했을 경우에만 매우 분명한 형태로 나타납니다.

'생명체에 조화하는 물'이 왜 건강에 좋은 것인가, 어떻게 생체의 기능을 높여주는가, 또한 만성병을 포함해 치유되기 어렵다고 되어있는 병까지 고치는 힘이 되는 것일까 등에 관해서 필자는 이미 많은 저서에서 상세하게 해설해 왔습니다. 그 속에는 상당히 전문적인 분야에까지 발을 들여놓은 것도 있습니다.

본서에서 주로 아기를 키우는 어머니에게 물에 대한 문제를 테마로 하고 있으므로 지금까지의 저서와 같이 상세하고 전문적인 영역은 피했습니다. 이미 본서에서 소개한 사실이나 실례만으로도 '생명체에 조화하는 물'의 중요함을 충분히 이해되었다고 생각하기 때문입니다.

4

지금의 물은 위험천만하다.

상수원은 양이나 질에서 혜택 받지 못하고 있다

이 장에서는 '생명체에 조화하는 물'을 어떠한 방법으로 얻을 수 있는가와, 동시에 현재의 물에 관한 상황에 대해서 확실하게 알아둡시다.

우리나라는 물의 혜택을 받는 나라 라고 알려져 있습니다. 그렇기 때문에 사람들은 물에 대해서 무관심했는지도 모릅니다. '무슨 일이나 물에 흘려버리면 된다' 라고 하는 무책임한 측면을 지닌 발상 결과로 인간뿐만 아니라, 나라에 생존하는 모든 생명에 있어서 가장 소중한 생명활동의 근본인 국토와 물이 어쩌면 이미 회복할 수 없을 정도로 더렵혀졌는지도 모릅니다.

물에 대한 문제로 국한하지 않고 환경 전반을 생각할 때 우리들은 물이나 대기나 대지를 오염시켜 온 것이 바로 우리들 자신이라고 하는 것은 잊어서는 안된다고 생각합니다. 무슨 일이든 남의 탓으로 돌리거나 행정 태만을 책망으로 해결할 수는 없는 것입니다.

하물며 미래 살아갈 어린 아이를 키우는 여성이라면 더욱더 중요한 일입니다. 어린아이들이 살아갈 미래의 환경이란 우리가 현재 살고 있는 환경의 연장인 것입니다.

일본 전국의 연간 평균 강우량을 보면 세계 각 국의 평균 1,000㎜의 배에 가까운 약 1,800㎜에 이르고 있습니다. 이 숫자만을 보면 확실히 일본은 물이 풍부한 나라처럼 생각됩니다.

그러나 현실은 다릅니다.

우리나라는 많은 비가 내리지만 국토가 험준하기 때문에 수원으로서는 그다지 유효하게 이용할 수 없는 편입니다. 즉 산에서 바다까지의 경사가 심하며 거리가 짧고, 하천도 짧으며 흐름이 빠르기 때문에 내린 빗물은 빠르게 바다로 흘러갑니다.

또 중요한 녹색 댐인 삼림면적도 감소하고 있으며, 삼림 그 자체도 점점 황폐해가며 물을 저수하기 힘든 국토로 되어가고 있습니다.

우리는 또 물의 혜택을 받지 못하고 있다는 이유는 또 한 가지 있습니다.

그것은 인구입니다. 확실히 세계평균 2배 가까운 비가 내리는 국토지만, 이 좁은 국토 안에는 세계에서 가장 높은 인구밀도로 사람들이 서로 엉켜 살아가고 있습니다. 즉, 국민 한 사람 한 사람으로 환산한다면 강우량은 결코 많다고 할 수 없습니다. 그 증거로 여름만 되면 해마다 어느 지방에서 물 부족사태가 일어납니다.

이렇게 풍부한 혜택을 못 받는 수자원이 질적인 면에서도 문제를 안고 있습니다.

그것은 빗물은 천연 증류수 정도 밖에 안됩니다. 그러니까 미네랄성분 등의 좋은 물 조건이 결여되어 있습니다. 그 결과 지금은 하늘에서 땅으로 내릴 때까지의 사이에 대기 중에서 산화오염물질을 흡수하여 산성비가 되어 내리고 있습니다. 따라서 빗물 그 자체는 매우 위험하며 마시는 물로는 부적당하게 바뀌어 버린 실정입니다.

또 사람들은 과거부터 '우물물이나 물은 맛이 있다 동시에 안전하다' 라고 생각을 갖고 있었습니다. 확실히 옛날에는 그러했습니다. 빗물이 대지로 스며들어 지하의 갖가지 지층을 통과하는 과정에 충분히 정화되며 유용한 미네랄성분을 녹여 넣었기 때문입니다.

그러나 현재의 우물물은 다릅니다. 1960년 이전이라면 또 모르지만 많은 산업폐수나 농약이 스며들어가 오염된 대지입니다. 그 예로 자라고 있는 나무가 말라죽을 정도의 강한 산성입니다. 도시 지역주변의 우물물만이 아니라 전국각지의 유명한 약수라고 했던 샘물까지도 분석해 보면 음료수용으로는 적합하지 않을 정도로 질이 나쁜 물로 변해버린 예가 수없이 많습니다.

수도물의 수원지는 거의 하천수입니다. 용수나 우물물의 상태가 이 정도로 나빠져 있으니까, 환경악화의 영향을 직접적으로 받은 하천수의 상태는 더욱 좋을 리가 없습니다.

우리들이 물에 대한 문제를 생각을 할 때에는 모두 이러한 '수자원의 악화'라고 하는 현상을 근거한 것입니다.

매일 흘러보내는 생활폐수가 발암물질을 만든다

현재 우리나라는 극히 일부지역을 제외하고 음료수와 생활수는 수도물에 의지하고 있습니다. 전국의 수도 보급률은 95퍼센트 이상에 달하고 있습니다.

그러나 특히 도시지역을 중심으로 한 수도물은 맛이 없습니다. 단순히 맛 문제가 아닙니다. 맛이 없다는 것은 건강에 악영향을 줄 가능성이 높아졌다는 것입니다.

따라서 각 가정의 수도에 정수기 시설을 설치하는 것은 이미 필수조건이며, 건강을 생각한다면 절대로 필요한 것입니다.

그러나 거듭 강조합니다. 수도물 맛이 없어지고 건강에 악영향까지 걱정하게 된 책임은 수도국에만 있는 것은 아닙니다. 수질악화에 대한 대책이 늦었다고 하는 의미에서는 어느 정도 책임이 있을지 모릅니다. 원래 수원인 하천이나 호수, 저수지의 물이 더러워지는 원인의 하나는 우리들 생활에서 내보내는 폐수가 있기 때문입니다.

귀하는 된장국이나 수프 등 남은 음식물을 그대로 버리지 않습니까? 이것은 물을 더럽히는 원흉의 하나입니다. 식기를 닦는 세제나 세탁물 세제는 계면활성제가 들어간 합성세제로 이것도 원흉의 하나입니다. 계면활성제가 들어간 합성세제는 자연계에서는 분해되기 힘들기 때문에 비누보다 훨씬 환경을 악화시키고 있습니다.

하수도의 보급률이 낮은 국내서는 이러한 우리들의 생활 속에서 발생하는 폐수가 그대로 하천이나 호수와 늪으로 흘러 들어가고 있습니다. 그렇다면 하천이나 호수와 늪의 물은 부영양화(영양과다, 비만상태의 물) 현상이 되어버리고 남조류의 푸른 수초 따위를 대량으로 발생시킵니다. 오사카 시의 수도가 그런 것처럼 부영양화한 물을 수원으로 하는, 생활폐수가 흘러들어 간 하천이나 호수를 수원으로 하는 수도물도 결코 적지는 않습니다.

그러면 하천의 하류지역, 즉 해변 가까운 지역에서 생

활하는 사람은 생활폐수를 그대로 흘러보낸다 해도 문제없는 것일까요? 확실히 수도의 수질에 직접영향을 주는 일은 없을 지 모릅니다. 그러나 그것은 생명의 근원이 되는 바다를 오염시키는 것입니다. 그 결과는 어떠한 형태로든 우리 몸으로 되돌아오는 것입니다. 아무리 광대한 바다라고 해도 그가 지닌 정화능력이 무한하지는 않습니다.

말을 바꾸어 부영양화한 수원에서 발생하는 남조류 중에는 강한 발암성을 가진 것도 있습니다. 그뿐 아니라 때로는 해가 되는 각종 유기물이나 화학물질도 혼합되어 있습니다. 따라서 수도당국이 해야할 일은 결코 가벼운 일이 아닙니다.

오염된 수원지의 물을 받아 정화하기 위해서는 여러 번 중복해서 정화 처리하는 과정이 필요합니다. 그래도 완전하게 정화되지 않아 본래의 기준보다 많은 염소가스나 차아염소산(次亞鹽素酸)을 투입해서 미생물의 활동이나 곰팡이의 발생을 억제합니다.

이미 말한 것처럼 염소는 본래 독성이 있습니다. 유독물질이기 때문에 미생물이나 곰팡이류의 활동이나 번식을 억제하는 살균·소독제로서 역할을 다 할 수 있는 것입니다. 그렇기 때문에 우리 인간의 세포에도 상처를

줍니다.

더욱 심각한 측면이 있습니다. 수도물이 유기화합물로 오염되어 있는 현상에서는 정수한 수도물이라도 미량인 유기화합물이 잔류하고 있다는 것을 부정할 수 없습니다. 유기화합물과 유리염소가 반응하면 클로로포름으로 대표되는 트리할로메탄류가 생깁니다. 이 트리할로메탄은 강한 발암성으로 지적되어 있는 물질입니다. 수도국이 공급하는 물인 경우 수도법상으로 트리할로메탄은 존재하지 않는 것으로 되어 있습니다. 이것은 1993년 말 시행된 신수질기준법에 의해 결정되었습니다. 그러나 현실은 안심할 수 없습니다. 예를 들면 긴 상수도관 속(아주 낡은 것이 적지 않음)에서 주변의 유기화합물을 포함한 물이 스며드는 가능성은 부정할 수 없습니다.

또 빌딩이나 맨션 등과 같이 일단 저수조에 물을 모으고 나서 각 가정으로 배수하는 경우에는 어떤 이유로 저수조에 들어간 유기물(쥐, 작은 새, 곤충 따위의 사체 등 정기점검을 착실히 실시하지 않은 저수조에서 이러한 예가 적지 않음)이 트리할로메탄의 발생인 원흉으로 될지도 모릅니다.

어떻습니까? 이러한 현실을 알면 더욱 최소한 가정의

수도에 정수시설을 설치해야겠다고 생각하시지 않는지요? 그러나 우리들은 정수기만으로는 불충분하다고 생각하고 있습니다. 진정한 의미에서 건강하게 적극적으로 기여하는 '생명체에 조화하는 물'을 얻기 위해서는 다음에 소개하는 몇 가지 방법 중에 보다 확실한 처리법을 선택하는 것이 필요할 것입니다.

몸에 알 맞는 물을 만들 수 있는 기계

현재 시중에서 판매되고 있는 정수처리기 원리의 대표적인 점을 소개합니다. 이 중의 몇 개는 '생명체에 조화하는 물'을 만들 수 있는 것이 아니라 수도물의 위험성을 제거하는 능력 밖에 없다는 것을 확인해 두십시오.

현재 시판되고 있는 정수처리기의 원리

① 활성탄과 폴리에틸렌제의 다공질극세직유로 짜 맞춘 정수기

소위 정수기의 대표적인 것으로 가격도 알맞기 때문에 가장 많이 보급되어 있으며 유리염소나 불순물 등은 제거됩니다. 그러나 그것 이상의 성능을 기대할 수는

없습니다. 따라서 '건강에 해가 없는 물'을 만드는 것이라고 이해해 주십시오. 덧붙여 많은 메이커는 카트리지의 교환시기를 반년 정도로 하지만, 가능하면 3개월에 1회 정도로 교환하는 것이 안전합니다.

② 역침투막을 이용한 정수기

유리염소나 불순물은 훌륭하게 잘 제거됩니다. 그러나 동시에 중요한 미네랄성분까지 제거해버립니다. 최근에는 이 결점을 보충하기 위해 정수 한 후에 미네랄성분을 용출하여 첨가하는 방식의 제품도 나옵니다.

이 타입의 제품은 미국 제품이 많습니다만, 이것은 '미네랄성분은 식사에서 섭취할 수 있는 것이기 때문에 굳이 물에서 섭취할 필요는 없다'라는 주장은 미국식의 반영입니다.

③ 세라믹 필터를 이용한 활수기(活水器)

세라믹은 미약한 원적외선을 방사합니다. 전자파의 일종인 원적외선은 물의 분자로·작용하여 분자결합을 작게 하고, 물로서의 성질을 정돈합니다. 그러나 이 세라믹필터만으로는 유리염소를 제거할 수 없어 활성탄 필터와 조합한 제품도 있습니다.

④ 토루마린(전기석)필터를 이용한 활수기

토루마린도 원적외선을 방사합니다. 따라서 세라믹필터와 마찬가지로 물의 분자결합을 작게 정리합니다. 물론 이것만으로는 유리염소를 제거할 수는 없습니다.

⑤ 천연광석을 이용한 정·활수기

여러 층으로 겹겹이 쌓은 여러 종류의 천연광석을 통과시키는 것으로써 물을 정화하고 동시에 미네랄성분을 용출하게 하여 약알칼리성 물로 만들어 최종단계에서 중공사막필터를 통과시킵니다. 따라서 유리염소도 제거할 수 있습니다. 이 타입은 가격 면에서도 어느 정도 적정하다고 보입니다만, 이것에 자석을 조합하여 자기처리 능력도 포함한 요즈음 고가 타입도 있습니다.

⑥ 자기분해방식을 이용한 정수기

내장의 정수기(활성탄이나, 활성탄과 중공사막을 조합)를 통과시킨 물을 약한 전류에 의한 전기분해통 안으로 끌어들여 여기에서 전기분해(정확하게 분해가 아니라 전기에너지에 의해 분별)합니다.

전기분해통 안에서는 마이너스 극 측의 약알칼리성이

되는 미네랄이온을 지닌 물분자가 모이고, 플러스 극 측에는 약산성이 되는 미네랄이온을 지닌 물분자가 모입니다. 이것이 이른바 알칼리이온수(학술용어가 아니고 통칭)를 만드는 알칼리이온 정수기입니다.

약알칼리 측의 물에서는 유리염소가 완전히 제거되는 대신에 약산성 측에는 미량이지만 남을 가능성이 없지 않습니다. 그러나 음료용으로 사용하는 것은 약알칼리성 쪽의 물이기 때문에 이 점에서 문제는 없습니다. 또 물분자의 결합도 작게 조절됩니다.

다시 말하면 일반적으로 '전기분해식 정수기' 등으로 불리는 타입이지만, 실제로는 과학적인 의미에서 전기분해를 할 정도의 전기에너지는 흘러보내고 있지 않으므로 원래라면 '이온밸런스분리기' 또는 'pH분리기' 등으로 불러야 한다고 생각됩니다.

이 타입에서 우려되는 것은 보통의 사용상태로 2년 정도 쓰면 전극이 더러워져서 '전해능력'이 저하하는 점입니다. 이것에 대해서 메이커 측에서는 그다지 설명을 하지 않기 때문에, 필요한 분해청소를 하지 않은, 즉 본래의 능력을 발휘할 수 없게 된 채 사용되고 있는 예가 적지 않습니다. 당연한 일이지만 내장된 정수기의 필터는 길어도 반년에 한번 정도 교환할 필요가 있습니다.

⑦ 전장처리형인 정수기

물을 받아두는 방법으로 물통(水槽) 속에 전기전도율이 높은 목탄(비장탄이 가장 바람직함)을 설치하고, 이 물통 전체에 수천 볼트의 직류정전압(전류를 흐르게 하는 것이 아니고 전압을 건다/수천 볼트라고는 하지만 대단히 미약한 에너지량이기 때문에 감전 걱정은 없다)을 4시간 정도 걸쳐서 물의 분자결합을 작게 조절합니다. 이때 비장탄(또는 활성탄)의 뛰어난 흡착력에 의해 유리염소나 불순물이 제거됩니다.

물은 정전압이 걸리기 때문에 전자를 풍부하게 가진 물분자의 집합으로 되고, 이것이 분자결합을 작게 함과 동시에 산화한 물질을 환원할 힘으로 되며 약알칼리성인 성질을 만듭니다.

이렇게 만들어진 물은 전자수라고 불립니다. 교류전장을 이용한 것도 있습니다만, 이렇게 만든 '물'은 여기수라고 불립니다. 수조 내의 목탄은 1개월 정도 두는 정도로 물로 씻고 응달에 말려서 다시 사용합니다.

⑧ 자기처리(자기필터)

700가우스 정도의 강한 영구자석을 수도꼭지에 부착

시키는 것으로 물의 성질을 조절하는 것입니다. 이것만으로는 유리염소 등을 제거할 수는 없지만, 물 상태를 정돈할 능력은 있습니다.

이것은 가정용인 음료수를 위해 사용하기보다도 빌딩이나 맨션 안의 송수관에서 나오는 붉은 물 제거(송수관 내벽의 철이 산화되어 물에 녹아 빨갛게 변화)에 이용하는 것이 좋습니다.

이상 현재 시판되는 정수처리기의 원리를 매우 간단하게 상식적으로 설명했습니다. 이 중에 어느 것이 가정용으로서 가장 적당한지는 다음 항에서 하기로 하고, 여기서는 산화와 환원에 관해서 보충하겠습니다.

극히 일반상식으로 물 속에 쇠붙이를 담가두면 공중에서보다도 훨씬 빨리 녹이 습니다. 녹이 슨다는 것은 산화하는 것입니다. 또 물질이 썩는 것도 산화를 동반하는 변화라고 기억하십시오. 만약 물이 소금물이라면 한층 빨리 녹이 습니다. 이것은 그 물이 산화하는 힘이 강하기 때문입니다.

그러나 무엇인가의 처리에 의해서 전자를 풍부하게 안고 있는 물은, 이것에 의해서 환원력(산화한 물질에 전자를 보내 환원한다. 산화란 물질의 분자가 전자를 상실하는 것)을 가지므로 이러한 물에 철을 담가 놓아도 좀처럼 녹슬지 않습니다.

그 전형적인 예가 전장처리형의 정수기로 만들어지는 전자수이며, 이 물에 대하여 예를 들면 안전면도날 따위를 담궈 놓아도 좀처럼 녹슬지 않을뿐더러 면도날도 잘 보존됩니다.

실험결과 좋은 물 5가지

이상과 같은 여러 가지 방법으로 처리한 물의 상태를 판단하는 요소로서는 pH, 전기전도율, 산화환원전위, 용존 산소, 용존 탄산가스, 미네랄 성분의 내용과 농도, 잔류염소 농도 등이 있습니다. 대개 어떤 정수처리 방법을 사용했다고 해도 이것들이 마시는데 적합한 물인가, 어떤가를 생각한다는 것은 그다지 틀린 것은 아니겠지요.

그러나 참 의미는 '생명체에 조화하는 물'인가 어떤가를 판단하려면, 앞에 기술한 각 요소에서 판단하는 것만으로는 불충분합니다. 또 하나 절대로 빼놓을 수 없는 판단요소로 물의 분자집합의 대소를 잊어서는 안됩니다.

그렇다고 하지만 물분자는 극히 작고 또 무서울 정도

의 속도로 이합집산을 되풀이하고 있기 때문에, 그 집합의 대소를 눈으로 보고 판단할 수는 없습니다.

그래서 이용되는 것이 NMR 분광기입니다. 이 장치를 사용하면 진동수의 변화로서 대소를 판단할 수 있도록 됩니다. 진동수는 OOHz라고 하는 수치로 표현됩니다만, 이 수치가 작을수록 분자 집합이 작은 물이라고 합니다.

참고로 전항(前項)에서 소개한 몇 개의 방법을 처리한 물의 진동수를 <표 9>로서 정리했습니다.

이 <표 9>에서 처리하기전인 원수(原水)의 진동수(선폭)가 가지각색인 것은 물을 채취한 장면이 틀리기 때문입니다. 그러나 이 점은 별다른 문제가 없습니다. 여기에서 중요한 것은 처리전의 원수와 처리 후 '물'의 변화인 크기에 있기 때문입니다.

어떻습니까? <표 9>에서는 극히 미약한 에너지를 발하고 있는 맥반석이나 자철광석 등을 담아 놓았을 뿐으로도 물의 질이 좋아지는 것을 알 수 있습니다. 즉 물을 분자 단계에서 보다 좋게 변화시키기 위해서는 일반가정 전류와 같이 강력한 에너지는 필요 없고, 오히려 미약한 에너지야말로 '좋은 물'이 만들어지는 것을 알 수 있습니다.

그러면 어떤 방법을 사용하면 '생명체에 조화하는 물'을 얻을 수 있는가에 관해서 결론을 내기로 하겠습니다.

우리들에게 있어서 본래의 바람직한 물이란 하늘로부터 내리는 비가 땅속으로 침투하여 땅에 스며 지나가는 사이에 정화되고 동시에 유용한 미네랄성분을 녹여 넣어 환원력이 있는 약알칼리성의 물로서 조절된 것입니다.

그러나 이러한 물은 그렇게 간단하게 얻을 수 있는 것이 아닙니다. 하물며 환경오염이 심각한 지금에는 더욱 어렵게 되었습니다.

예를 들면 극히 일부라고 하지만 일반적으로 사용되고 있는

구분	통과 및 처리	물의선폭(線幅)
세라믹 휠타	통과 전	153Hz
	통과 후	84Hz
원수(A) (原水)	처리 전	128Hz
	세라믹 침전	89Hz
	맥반석 침전	97Hz
원수(B) (原水)	처리 전	100Hz
	자절광석 침전	85Hz
M사 제품 정수기	통과 전	90Hz
	통과 후	65Hz
E사 제품 자기형 물통	통과 전	113Hz
	통과 후	106Hz
AK사 제품 전기분해형 정수기	처리 전	102Hz
	산성이온수	55Hz
	알카리이온수	55Hz
E사 제품 전자수제조기	처리 전	120Hz
	처리 후	55Hz
A사 제품 정,활수기	통과 전	140Hz
	통과 후	55Hz

〈표 9〉 물의 처리방법에 의한 변화(20도C)

175

우물물의 우물은 깊이로 보면 기껏 15미터 정도 밖에 안 되는 것이 대부분입니다. 이것으로는 산성비이고 토양상층인 오염물질을 녹여버린 물을 정화시키기에는 너무 얕습니다. 우리들의 의견으로서 우물의 물로 이상적인 '생명체에 조화하는 물'을 얻기 위해서는 깊이가 200미터는 되어야 한다고 생각됩니다.

따라서 예전부터 약수라고 불리는 명수(名水)나, 좋은 우물물, 또는 용출수라 해도 현재의 실정을 생각해보면 무엇인가 처리를 한 다음 입에 대야 할 것입니다.

말을 바꾸어 '생명의 물 연구소'가 제창한 7가지의 조건에 비추어 생각해 다양한 처리방법으로 얻은 물을 5단계로 평가하고, 5단계의 평가를 받을 수 있는 것을 정리했습니다. 물론 5단계 평가를 받은 물이 현재 얻을 수 있는 중에 최선의 것이라고 생각하십시오. 더불어 최저치의 1은 수돗물을 기준으로 해서 판단했습니다.

참고로 현재 300종류 이상 시판되고 있는 팻드병에 가득 넣어 시판하고 있는 물은 종합하여 3 정도이고, 그 중에 일부는 4 정도로 평가할 수 있으며, 극히 드물게 5라고 평가할 수 있는 제품도 있습니다.

시험결과 좋은 물로 평가받을 수 있는 좋은 물

① 200미터보다 더 깊은 땅속에서 솟아오르는 물.

② 역침투막을 이용한 정수기 중에 일부 우수한 제품으로 처리된 물.

③ 천연광석을 이용한 정·활수기로 처리된 물.

④ 전기분해방식을 이용한 정수기로 처리한 물 (알칼리이온수).

⑤ 전장처리한 정수기로 처리한 물 (전자수).

이것들 중 어느 것을 이용하는가는 제품의 가격이나 이용방법을 고려해 여러분이 판단할 수밖에 없습니다.

그러나 염려되어 말씀드리면 200미터보다 더 깊은 땅속에서의 샘솟는 물은 대부분은 구할 수가 없습니다. 또 3~5정도로 평가받고있는 프라스틱병에 채워진 물을, 생활에서 모두 이것으로 이용한다고 하면 극히 비경제적입니다. 그렇다면 천연광석, 전기분해방식, 전장처리의 3가지가 현실적이라고 하는 것이 됩니다만, 이것들은 각각 장점과 결점을 가지고 있습니다.

예를 들면 천연광석을 이용한 것은 유수식(流水式)으로 가정용으로서는 충분한 능력을 발휘합니다만 업무용으로는 수량이 부족합니다. 그러나 값이 싸다고 하는 이점이 있습니다.

전기분해방식을 이용한 유수식으로 무척 간단하게 이용할 수 있는 것이 보급되었습니다. 또 전에는 대단히 고가였던 것이 점차 가격이 내려가고 있습니다. 단 제품에 따라서 만들어지는 '물'의 질에 상당한 차이가 있습니다. 전장처리한 것은 5라고 평가받은 중에서도 특히 우수한 물을 만들 수 있다고 생각됩니다. 그러나 모아둔다고 하는 식의 결점은 부정할 수 없습니다. 단 한 번에 만들 수 있는 물의 양은 충분하기 때문에 노력만 아끼지 않는다면 이것이 최선의 선택인지도 모릅니다.

이하 참고로서, 현재 여러분에게 권할 수 있는 '생명체에 조화하는 물'을 얻기 위하여 3종류의 '정수처리법'의 구조를 그림과 함께 소개합니다.

천연광석을 이용한 정·활수기 형식은 여러 가지가 있습니다. 가장 단순한 타입은 천연광석을 포트 따위에 침수시켜 놓는다고 하는 형태입니다. 말할 것도 없이 이 타입의 경우에는 사전에 정수기를 통한 물을 사용하도록 합니다.

<도표 8>은 최신형으로서도 가장 전형적인 제품의 구조도입니다. 이 제품인 경우 우선 최초에 섬유상인

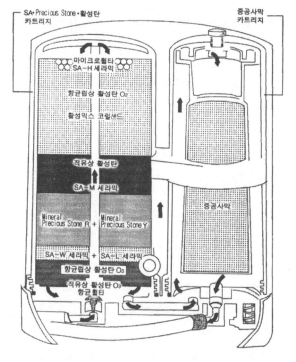

〈도표 8〉천연광석을 사용한 정·활수기의기본과 구조

179

활성탄과 입상(粒狀)인 활성탄을 매우 대량으로 사용한 다층정화필터와 중공사막필터를 잘 맞춰 수도물을 정수합니다. 이 정수과정에서 잔류염소, 트리하로메탄 등의 유해물질 및 0.1미크론 이상 크기의 이물은 일체 제거할 수 있습니다.

정수 되어진 물은 그 후 세라믹, 미네랄광석 등이 몇 층으로 조합된 '활수층'을 통과해서 '생명체에 조화하는 물'로서 정리됩니다.

전기분해방식을 이용한 정수기

일반적으로 알칼리이온수 정수기 등으로 불리는 타입입니다. 이 타입은 통상 <도표 9>와 같이 이루어져 있습니다.

수도물은 우선 활성탄과 중공사막을 조합한 필터를 통과시켜 정수합니다. 그 후에 양극과 음극의 전극을 가진 물통으로 보내져, 이 음극 측으로 통과되어온 물이 알칼리이온수로서 나오게 제작된 것입니다.

이 타입의 결점으로서는 산성이온수로 되는 절반 가까운 물이 헛되게 버려진다 라고 지적하는 측도 있습니다만, 이것은 이용상의 연구여하에 따라 보충됩니다.

산성이온수는 세안수, 입용용수로서 사용하면 피부를

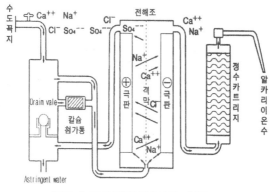

〈도표 9〉 전기분해식 정수기의 기본구조

아름답게 하는 효과가 있습니다. 또 식기세척이나 청소 등에 사용하면 어느 정도의 살균효과도 기대할 수 있습니다.

이 타입은 몇 개의 규모가 큰 가전제품회사가 진출함과 동시에 가격도 꽤 저렴합니다.

단 중요한 작업인 전기분해를 맡고있는 전극판은 보통 2년 정도 사용하면 더러워져 능력이 떨어집니다. 따라서 본래의 성능을 유지하기 위해서는 정기적으로 분해하여 청소 할 필요가 있습니다.

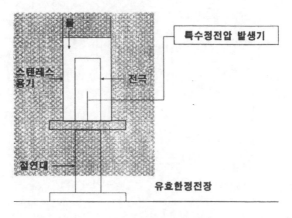

특수정전압 발생기

스텐레스 용기

전극

절연대

유효한정전장

〈도표 10〉 전장처리 정수기의 기본구조

전장처리의 정수기

이 타입인 경우, 구조적으로 보아 전기분해형 정수기와 같은 유수형이 만들기 어렵다고 하는 사정이 있어, 사실상 그 실용화의 전망은 아직 불투명합니다. 그러나 각종 계측수치로 보는 한 '생명체에 조화하는 물'로서 가장 이상적인 것을 얻을 수 있다고 생각됩니다.

외견적인 구조는 <도표 10>에도 나타낸 것처럼 매우 간결합니다. 물을 가득 채운 스테인레스제 물통 속에 전기전도성이 높은 물질인 비장탄을 놓고 그 통 속에

182

〈도표 11〉 간이 정수법

특수한 장치로 콘트롤 된 전압을 겁니다. 이 때에 전압을 걸면서(전자를 넣어 보냄)도, 이것이 흘러 없어지는 측의 극이 설치되어있지 않기 때문에 공급하는 전자는 물에 쌓이게 됩니다.

이 방식으로 얻어진 물은 마실 때 느낌도 매우 좋고 요리를 맛나게 하는 점에서도 뛰어나다고 하는 것이 제 경험입니다. 물론 건강에 기여하는 물이라는 것은 말할 나위도 없습니다.

더욱 다른 타입의 경우에도 같습니다. 이 타입으로 가

183

정용인 소형으로부터 산업용으로도 사용할 수 있는 대형인 것까지 필요에 따라서 여러 가지 제품이 준비되어 있습니다.

끝으로 이러한 제품을 시험하기 전에 또는 그렇게까지 할 기분은 나지 않지만, 조금이라도 '생명체에 조화하는 물'인지를 맛보고 싶다고 생각되는 분에게 가정에서 매우 저렴한 가격으로 그것도 손쉽게 좋은 물을 만들 수 있는 방법을 소개합니다 <도표 11>.

준비할 것은 20리터 정도의 수도꼭지에 부착할 비닐통과 비장탄(고열로 만들어진 숯) 4, 5개입니다. 먼저 물(가능하면 정수기를 통과한 물, 혹은 판매하는 물, 그러한 물이 아니라고 하더라도 비장탄은 불순물이나 동·정 물질을 매우 효율적으로 흡착합니다)을 프라스틱통에 80퍼센트 정도까지 채웁니다. 이 속에 잘 씻어서 그늘에 말려놓은 비장탄 4, 5개를 넣습니다. 프라스틱통의 뚜껑은 느슨하게 덮을 정도로 해 꼭 덮지 않도록 합니다. 그리고 가능하면 하루 밤을 지내고 나서 사용합니다.

이렇게 완성된 '물'을 수도물 또는 정수기만을 통한 물, 또는 병에 채운 시판수와 비교하며 마셔보십시오. 전혀 다른 맛을 입안에서 느끼실 겁니다. 입에 닿는 느낌이 다르다고, 입 속의 미각세포 등이 받는 자극의 다르다는 것입니다. 귀하의 세포는 아주 정직하게 좋은 물을 판정하고 있습니다.

그러면 무엇보다도 아기의 건강을 먼저 생각하는 엄마가 되어야 합니다. 자신의 입으로 물맛을 본 후 "좋아!"하고 소리쳤다면, 다음은 아기를 위해서 그런 좋은 물을 사용하지 않으면 안됩니다.

먼저 이렇게 간단한 방법으로부터 시작할 것을 권합니다.

태어날 아기와 나를 위하여

어떠신가요?

'고작 흔한 물'이라고 생각하지만 그 중요함을 새롭게 느끼시겠습니까. 또 물을 '생명체에 조화하는 물'로 바꾸는것 만으로도 모체와 아기에게 어느 만큼 좋은 영향을 주게 되는지 이해했지요.

환경오염, 식품의 문제 등 걱정과 근심을 꼽는다면 한이 없습니다. 그 때문에 귀한 아기를 품에 안고 근심과 걱정으로 한숨쉬던 어머니도 적지 않을 것입니다.

그러나 해결되지 않는 근심 걱정으로 고민한다고 해서 해결이 되는 것은 아닙니다. 중요한 것은 근심 걱정의 원인을 찾아 근본적으로 대응하는 일입니다. 그리고 나머지는 그야말로 아기의 생명력과 인류의 예지를 신뢰하고 맡길 수밖에 없습니다.

건강에 관하여 말한다면 무엇보다 중요한 것은 식생활입니다.

가공식품은 될 수 있는 한 피하고, 또 첨가물 표시에도 주의해 보다 안전한 식품을 선택하는 습관을 몸에 익히십시오. 그리고 본문에서도 언급했지만 우유는 삼가 해서 들고, 청량음료수의 양도 줄입시다.

그리고 엄마의 정성어린 사랑으로 맛있는 메뉴를 만드는 일입니다. 인간의 지혜, 더구나 어머니의 지혜란 잠재적으로 매우 우수하기 때문에 요리를 게을리 하지 않고 좋은 식품을 밸런스 있게 선택해 조리한다면 됩니다.

다른 하나 중요한 것은 말할 것도 없이 물입니다. 마시는 물, 조리하는 물, 모두를 '생명체에 조화하는 물'로 처음부터 끝까지 지켜 주시요. 그 결과 얻어지는 효과는 상상했던 그 이상이라고 보증해 드립니다.

가능하면 아기 몸을 씻겨 주는 물도 '생명체에 조화하는 물'로 해주기를 바랍니다. 조금 생활을 바꾸는 것만으로 아기는 무럭무럭 건강하게 잘 자라고 어머니도 건강하고 더불어 아름다움을 유지할 수 있습니다.

아기가 성장해서 개구쟁이가 되었을 즈음
"우리 예쁜 엄마!"
이 말을 듣지 않으시렵니까?

물이 인간의 건강을 좌우합니다

어머니! 좋은 물 마시고 있나요?

초판발행 2003년 8월 5일

재판발행 2005년 3월 5일

지은이 마쯔시따松下和弘 나까무라中村 徹

옮긴이 조태동

펴낸이 이수용

펴낸곳 수문출판사

디자인 관훈미술기획

제판인쇄 홍진프로세스

표지 정병규 디자인·유경아

제본 상지사

등록 1988년 2월 15일 제7-35호

주소 132-890 서울 도봉구 쌍문1동 512-23

전화 02-904-4774, 394-2626 / 팩스 02-906-0707

이메일 smmount@chollian.net

ISBN 89-7301-703-9 03530